舌尖上的禪滋味

週末禅僧ごはん

60道精進料理食譜

曹洞宗八屋山普門寺
吉村昇洋◎著
沙子芳／譯

一起利用週末，來做六十道精進料理

在禪味悅食中，讓心情歸零，重新出發吧！

歡迎享用
「週末」禪僧齋！

如果感覺精神有些疲憊，
心情侷促不安，
不妨和我一起利用週末，
讓自己「**重新歸零**」吧！

佛教與禪宗認為「**吃飯**」也是修行。
一面吃著用心費時烹調的料理，
一面慢慢品嚐其滋味，
心也會跟著放鬆下來，
重新以清爽愉快的心情迎接明天。

推薦序——直到能懂得禪食之美

王尚智（專欄作家、文化評論者）

我們對於日本的「美」，總有許多細微的誤解。

東瀛美學有不同的層次，若要更加精微且純粹，那就不容許某個小小的誤解，遮蔽了最初的真相。

日本傳統美學的追求包括了眾所熟悉的「花道、茶道、香道、書道」，種種講究最終「由道入禪」。這些都是源自日本佛教從供花、供茶、點香、寫經的禪修生活領域中，慢慢萃取出各種嚴謹共約的自律之美。

如今很少人知道，日本聞名於世的「和食」長久以來也有一支特殊流派，素以「精進料理」或「野菜料理」歸以名之為所謂「禪食」

的美學。

這是日本文化最初的素食主義，除了禁絕任何因為飲食造成生命的相互侵害與擾動，更講求追尋與大自然四季均衡同步的食材與作息。

日本「禪食」在發展成為美學之前，最初來自一千多年前空海大師從中國唐朝返回所引入，主要針對僧人嚴格的戒律及禪定修行，所需要的身心調御而開展。

在二〇一五年慶祝開山一千兩百年的高野山金剛峰寺內上下，至今仍然嚴持「禁絕肉魚蛋、蔥蒜五辛」的精進食材，出家僧人絲毫不碰葷辛。

而日本更多稱呼以「精進料理」！而這「精進」二字，確實也體現出「超越口腹之欲」並不容易，同時還更講求「持守自律生活」與「追尋純粹內心」的內涵。

事實上，當今日本佛教界在相對嚴格要求的「禪門」（曹洞宗）與「密門」（高野山）體系，特別是那些講求出家戒律嚴謹持守的寺院門派，仍然有相當比例嚴格採行精進素食。

這與一般台灣或外界聽說，日本僧人可以「吃葷、結婚」的普遍印象，有著極大的現實差距。

而這也是為何我特別願意推薦曹洞宗傳承的這位「禪僧」吉村昇洋，在這本圖文鮮明好看的書中，以一場週末的自宅體驗來分享日本另一種「禪食之美」，以及隨之共融於生活的「思想觀念」及「烹飪技術」。

日本文化中講求的禪之生活，來自一種身心均衡的追求與自處。飲食，不僅在「味」，更在「心」。於是從最初食材到整個料理過程，一旦採取了某種禪修的視角與內涵，那就既是一片豐富美妙的學問，也是一場兼具變化與超越的身心鍛鍊了。

我自己身為佛教徒與素食者二十餘年，當初因為研究敦煌美學而探索日本佛教的修行法門與文化形制；長久以來，我日常的個人烹飪與飲食風格，也一直傾向這種「禪僧氣質的美感」。

根據二〇一四年日本官方統計，台灣以高達將近二百八十三萬人次的驚人數字，成為各國赴日遊客總數排名的第一位。很難想像台灣人對於日本已經熱愛甚至癡迷到這般程度！

倘若不是日本文化中，有許多迷人細節實在夠「美」，甚至可以遠溯及盛世唐朝且流傳不失，那又何以讓無數人忘卻歷史征戰的傷痕過往，眼前一味迷戀追逐，就是非要去日本不可呢？

但真正極致的日本美食，那是非要直到能真正懂得「禪食之美」，並且從中洞悉並萃取出，千年至今猶然不失的那些氣味與態度。直到超越感官所觸和口慾所入，我們才會抵達日本飲食文化真正精微的最深處。

前言

週末在家中體驗「非日常」

假日想做點新鮮事，有這種想法時，大家都做些什麼呢？我想每個人各有不同的方法，諸如旅行、購物、運動等，不過透過我自身的體驗，想建議大家做的事是「花點時間慢慢地烹調和用餐」。

不用高湯粉，改用昆布熬高湯，仔細地分切食材等，在忙碌的平日經常省略的事，在「當下」一件件專注地進行，很神奇地，心情也會跟著平靜下來。而且，當你一面享用完成的料理，一面品嚐食材原有的美味，將發現從未注意到的事，並能以嶄新的心情迎向明天。

本書中介紹的食譜都是經過改良、容易融入生活、有益身心的精進料理。我想在許多人的印象中，精進料理就等於素食料理。這點固然沒錯，不過那只是精進料理的一個面向而已。禪宗認為並非讀經、坐禪才是修行，生活中的所有活動，包括吃飯、打掃等都是修行；換言之，精進料理這種飲食，是透過食材的處理、烹調的方法、素食料理的吃法等，做為面對自己心靈與身體的佛法修行。

在本週末，務必請你試著煮頓精進料理，體驗一下小禪修，相信你一定會有許多新發現。

吉村昇洋

目錄

Contents

推薦序——直到能懂得禪食之美 王尚智……004
前言——週末在家中體驗「非日常」……008

序章
用心烹調與享用
禪僧齋的基本原則

之一 什麼是精進料理?……014
之二 料理的基本「高湯」……018
日常生活中常見源自佛教的詞彙……022

第一章
今天整日有好事
香飯、淨粥(米飯、粥)

吃粥的十大好處……024
◎白粥和芝麻鹽……026
◎茶粥……028
◎纓絡粥(蔬菜粥)……029
◎五味粥……030
◎中式鹹粥……031
◎用鍋煮飯……032
◎油菜花散壽司……034
◎新薑飯……036
◎瓜泥秋葵豆腐丼……037
◎什錦菇飯……038
◎蓮藕菜飯……039
使用一生的餐具「應量器」……040

第二章
享受多重風味
香汁(湯品)

用全身品嚐高湯的風味,找回敏銳味覺……042
◎基本的清湯……044

◎基本的味噌湯……045
◎馬鈴薯毛豆涼湯……046
◎蓮藕冬瓜湯……048
◎紅高湯的味噌湯……049
◎中式海帶芽粉絲湯……050
修行時注入活力的高野豆腐和豆沙麵包……052

第三章 別菜（主菜）

活用完整食材

考量食用者需求，用心烹調……054
◎夏季蔬菜天婦羅……056
◎金針菇和炸豆腐……058
◎煮南瓜……059
◎聖護院白蘿蔔豆腐排 梅與鶯……060
◎炸秋葵與醃番茄……062
◎茄汁手工馬鈴薯球……063
◎酪梨真薯豆奶湯……064
◎番茄涼湯……066
◎小黃瓜精進義大利麵……067
◎炸牛蒡和蘆筍……068
◎炸煮高野豆腐……070
◎蓮藕餅湯……071
◎水煮蘆筍和炸山藥佐三種醬汁……072
◎高湯燉炸白蘿蔔……074
◎燜煮秋季蔬菜佐蕪菁醬汁……075
◎蔬菜生春捲……076
◎蘿蔔泥煮冬季蔬菜湯……078
◎烏醋炒芋頭……079
◎田樂烤蓮藕……080
◎白蘿蔔鑲蔬菜……082
◎田樂山椒味噌茄……083
讓各地寺院成為令人更愉快的地方……084

第四章 別菜（配菜）

用心費工的豐盈美味

享受從容用心的烹調……086
◎油菜花佐竹筍醬汁……088
◎涼拌土當歸酪梨……090

◎款冬味噌……091
◎醃茄子和義大利節瓜……092
◎炒薑片……094
◎豆腐拌蘆筍……095
◎蠶豆凍……096
◎番茄鑲豆腐……098
◎蘆筍綠花椰菜的韓式拌菜……099
◎翡翠涼麵……100
◎清烤生香菇……102
◎蘿蔔泥煮納豆……103
◎黑蜜豆奶布丁……104
◎蔬菜佐檸檬味噌醬……106
◎臭橙香草冰沙……107
◎芝麻嫩豆腐……108
現在立刻能做的布施建議……110

第五章

直接品嚐蔬菜的美味

香菜（醃菜）

食材和調味料的「相遇」使原味更豐富……112
◎柚香涼拌紅白絲……114
◎鹽漬蕪菁……116
◎鹽麴醃芹菜……117
◎料酒醃秋葵……118
◎味噌醃綠花椰菜莖……120
◎花椒醃白蘿蔔……121
我最希望傳遞佛教的趣味！……122

第六章

一週的充電

週末在家進行小禪修

能在家進行的禪坐……124
推薦的食材及調味料……128
希望飯前觀想的五件事……130
用餐禮儀帶來的三件好事……132
推薦能以新的心情迎接一週的例行功課……134
掃除是拂去心中的塵埃……136
面對真實的自己，試著關心他人……138
結語……140

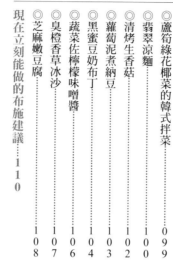

序章

禪僧齋的基本原則

用心烹調與享用

之一——什麼是精進料理？

有禁忌的食物＝對食物心存感謝

肉・海鮮類・蛋

蒜・蔥・韭

洋蔥・薤菜

上頁列舉的食物，是「禪僧齋（精進料理）」不使用的食材。不採用肉、海鮮、蛋等動物性食材，源自佛教「不殺生」的觀點，也就是不殺害生物。此外，也不食用右頁所列被稱為「五葷」的蔥科蔥屬的蔬菜。這是因為修習佛道之人不需要蒜和韭等刺激性欲的蔬菜。但是，根據不同的國家、時代或思想，五葷的種類多少有異。本書是遵照我在曹洞宗永平寺修行當時所遵行的規定。

禁止食用某些食物的規定，除了戒殺生之外，還有其他意涵。人類具有想飽嚐一切美味食物的欲望，但重要的是透過精進料理，擺脫那樣的欲望，特別是食物有所限制，讓我們察覺到自己是靠著吃那些食物賴以為生，讓我們重新對食物、生產者及大自然的恩賜心存感激。

菜單有例行規定＝用心巧思，活用食材

在永平寺，米飯稱為「香飯」，粥稱「淨粥」，湯品稱「香汁」，配菜稱「別菜」，醃菜稱「香菜」。這些項目搭配組合成為一天的菜單，不過早、中、晚三齋的餐點量不同。

雖然午齋的組合最多，但分量減少，著重在簡便、確實。盡量使用能感受季節色彩的時令食材，設法用盡食材。此外，若白天的作務（譯註：禪宗稱勞動為「作務」）多，為了在午齋時補充熱量，主菜多為油炸、熱炒等使用油的料理；晚齋的主菜則以燉煮料理等清爽的菜色為主。

一天的菜單範例

早齋

淨粥＋芝麻鹽＋香菜

午齋

香飯＋香汁＋別菜（主菜）＋別菜（配菜）＋香菜

晚齋

香飯＋香汁＋別菜（主菜）＋香菜

在永平寺，早齋稱「小食」，午齋稱「中食」，起先僧侶過午不食，而晚齋是給病人的輕食，稱之為「藥石」，所以是比午齋還少的餐點。

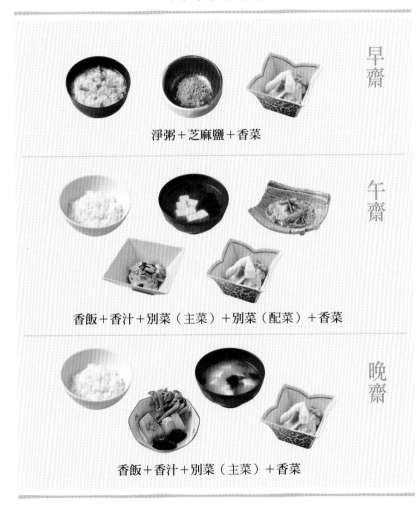

之二——料理的基本「高湯」

時間熬煮出美味

精進料理的味道基礎仍然是「高湯」。每當我打開熬煮昆布高湯的鍋蓋時，氤氳飄散的香味，難以形容地迷人，讓我感到十分滿足。對忙碌的人們來說，或許會覺得煮「高湯」耗時又費工，但是如果只在週末製作，就只要在週五晚上費點工就行，之後隨時可用，能夠使料理更美味。

請享受能夠充分發揮食物美味、也可說是精進料理精髓的「高湯」的風味。本書共使用了五種方便實用的高湯。

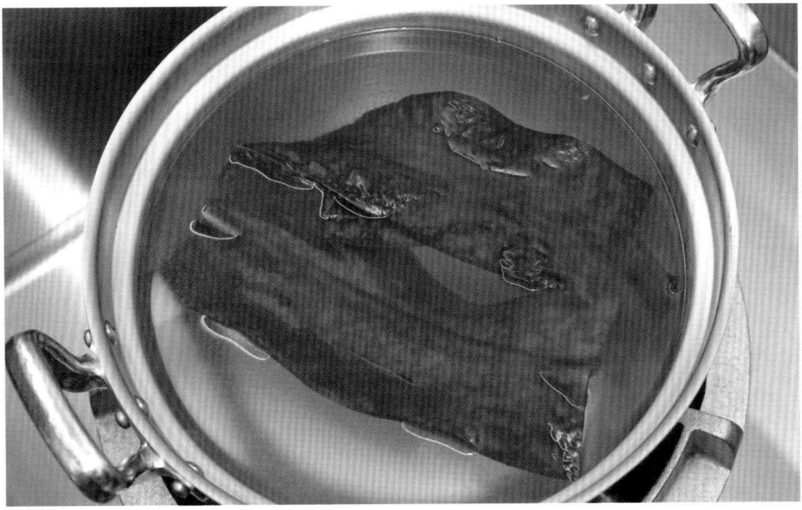

昆布高湯

材料

1l 的水，配 15×5cm 大小的乾昆布 1 片。

高湯作法

在鍋裡放入水和乾昆布，約浸泡三小時，以小火加熱至 80℃後熄火，直接靜置，讓它變涼備用。

※ 也可以將水和乾昆布放入容器，置於冷藏庫一天。

※ 急用時，在鍋裡放入水和乾昆布加熱，保持 60℃加熱約三十分鐘；取出昆布後，立即轉大火加熱，撈除表面的浮沫即完成。

昆布的種類

昆布大致分為真昆布、羅臼昆布、利尻昆布及日高昆布四種。我常使用味道較淡、能突顯蔬菜美味的利尻昆布。採收後暫放的昆布，表面會附有白粉，那是名為甘露糖醇（mannite）的甜味成分，請勿擦除。

香菇高湯

材料

1l 的水，配乾香菇約 3 個。

高湯作法

1 為了去除污物和異味，在容器中放入水和乾香菇，靜置十～二十分鐘，再倒掉水。

2 放入水，置入冰箱冷藏一天備用。

葫蘆乾高湯

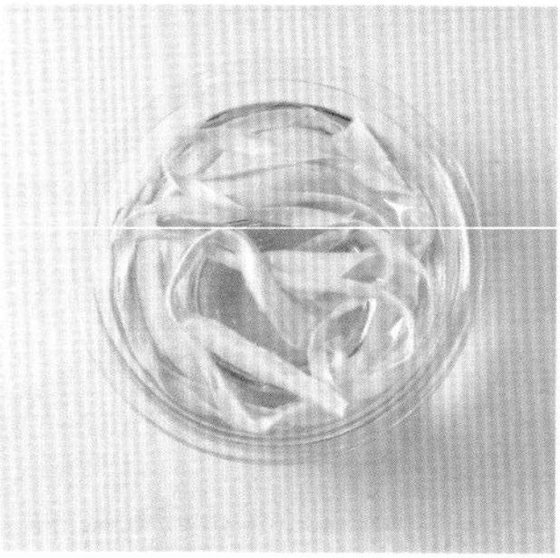

材料

1l 的水，配無漂白的葫蘆乾 20g。

高湯作法

葫蘆乾用水稍微清洗，在水中浸泡三小時備用。

我推薦的這五種高湯，基本上可用於燉煮料、湯品等任何料理中。以昆布高湯做為基本風味，和其他高湯組合，能形成非常複雜的風味。尤其是昆布高湯和香菇高湯混合，大家都知道能夠更添鮮味。

大豆高湯

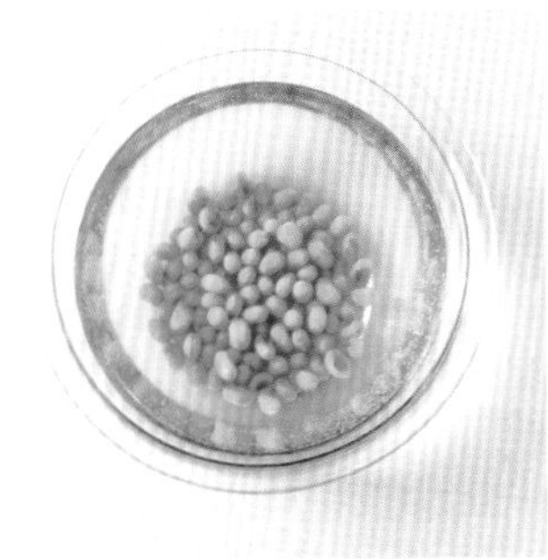

材料

1l 的熱水，配大豆 100g。

高湯作法

1 在平底鍋裡放入大豆，以小火慢慢乾炒，炒到表面呈黃褐色即熄火。

2 將 1 和熱水放入容器中，靜置約二十分鐘，直到大豆下沉。

白蘿蔔高湯

材料

500ml 的水，配白蘿蔔乾 30g。

高湯作法

白蘿蔔乾用水稍微清洗，在水中浸泡約三小時備用。

高湯若冷藏保存，約可使用三、四天，不過香味會散失，建議還是盡早使用完畢。若是製作得較多，可放入製冰盤中冷凍保存，需用時立即能用，十分方便！

日常生活中
常見源自佛教的詞彙

上圖是我任職的普門寺的居室，其中供奉的「韋馱天」菩薩。聽到韋馱天，許多人或許會聯想到「韋馱天走（譯註：神行太保之意）」、「如韋馱天迅捷（譯註：飛毛腿之意）」等語。

韋馱天原是古印度婆羅門教的一位神祇，後來納入了佛教的範疇，被視為守護寺院等的神祇，受到世人崇敬。在禪宗中，祂主要被當作守護廚房的神祇來祭祀。

帶有韋馱天菩薩名諱的成語「韋馱天走」的由來，一說是因為釋迦牟尼佛的遺骨佛舍利被捷疾鬼盜走，祂急奔追趕取回，所以後人用這個成語來形容腳程快。意外的是，日文中還有「馳走」這個詞彙，據說此詞彙的由來是韋馱天菩薩為了釋迦牟尼佛，到處奔波以蒐集食物。

事實上，日本語中源自佛教的詞彙多不勝數。由此可以想見，過去日本的日常生活，比現在更親近佛教的教義。

第一章

今天整日有好事

香飯、淨粥

（米飯、粥）

吃粥的十大好處

我在永平寺修行時期，粥是早晨的基本餐點。為何吃粥，詳細原因不明，但是據說這個慣例始於開山祖道元禪師的時代，在記載著齋飯作法的《赴粥飯》中，有關於粥品的記述。書中寫到「粥有十利」，敘述粥有十個功德，分別說明如下：

一、有助血液循環；二、增加氣力；三、長壽；四、不過食，身體舒適；五、言語正向清爽；六、不積食，不火燒心；七、不感冒；八、好消化，化為養分消飢解餓；九、止渴；十、利通便。

早餐吃粥被認為具有以上這些好處。我回想起修行時期，非常同意這樣的看法。剛開始修行時，我因為不適應生活中的緊張，胃腸的消化功能也連帶著變弱，早晨的粥讓胃好消化，不知不覺間我便恢復了精神。

此外，米飯的美味理所當然使我恢復元氣，那是一種沒有任何矯飾、樸素的美味。粥品具有那樣的魅力與風味。

白粥和芝麻鹽

粥是調整身心的基本味

材料（2 人份）

〔**白粥**〕 米……1/2 盒（75g）
水……900ml

〔**芝麻鹽**〕天然鹽……適量
白芝麻……1g

白粥作法

1 米洗好後，放在網篩上，靜置五～十分鐘備用（頁 28 ～ 31 的米也是同樣作法）。

2 鍋中水煮沸後，放入米，為避免溢出，以小火熬煮二十五分鐘。

3 米煮到喜歡的軟爛度後，盛入容器中，佐配芝麻鹽。

芝麻鹽作法

1 以中火炒鹽，注意勿炒焦，用研缽輕輕研磨備用。

2 以中火炒芝麻約十秒，放入大研缽中，不按壓地慢慢搗磨。

3 在乾淨的報紙上攤放芝麻，一面慢慢混入鹽，一面讓報紙吸除多餘油分。邊嚐味道，邊混合鹽，混合到適度的鹹味即完成。

（譯註：報紙的油墨或許有毒性，建議可改為白紙）

在修行時期，我一年三百六十五天的早餐都吃粥。用沾滿粥的湯匙前端沾點芝麻鹽送入口中，在坐禪堂肅靜的空氣中，交織著米飯特有的甜味與芝麻鹽的鹹味，那是一種讓味蕾感到至福喜悅的獨特感受。離開永平寺至今，那味道我依舊會想吃。

沒有用鹽調味的
粥品，都可以加
芝麻鹽。

茶粥

具有怡人芬芳和淡淡的苦味

材料（2人份）

白米……1/2杯（75g）

焙茶（Hojicha）……900ml

作法

1 將焙茶放入鍋裡煮沸。

2 在1中加入洗好的米，為避免溢出，以中火煮約三十分鐘。

3 米煮到喜歡的軟爛度後，盛入容器中。

在開祖道元禪師及二祖懷奘禪師的月命日早晨，永平寺必定會食用茶粥。其原因不詳，不過吃茶粥讓人精神飽滿。

（譯註：「月命日」意指在忌日當月除外，每月的忌日當天。例如忌日若為1/1，月命日則為2/1、3/1……12/1，共十一天。）

纓絡粥（蔬菜粥）

蔬菜和高湯的甜味溫潤可口

材料（2 人份）

白米……1/2 盒（75g）
白蘿蔔碎料（葉或皮）……適量
胡蘿蔔碎料……適量
綜合高湯（昆布高湯 700ml、蘿蔔乾高湯 200ml）

作法

1 將白蘿蔔和胡蘿蔔的碎料切粗末備用。
2 將綜合高湯煮沸，於鍋中放入洗好的生米和白蘿蔔、胡蘿蔔碎料；為避免溢出，以中小火約煮三十分鐘。米煮到喜歡的軟爛度後，盛入容器中。

以熱水煮粥，能夠縮短製作時間，完成後米粒清爽。不論使用何種蔬菜都無妨。蔬菜會滲出柔和的甜味，粥品會非常美味喲！

五味粥

散發穀物樸素的美味

材料（2人份）

白米……1/2 盒（75g）

雜糧……30g

綜合高湯（昆布高湯 700ml、大豆高湯 300ml）

作法

1 將綜合高湯煮沸，於鍋裡放入洗好的米和雜糧；為避免溢出，以中小火約煮三十分鐘。

2 米煮至喜歡的軟爛度後，盛入容器中。

五味粥意指用「五穀」熬製的粥品，不過所有穀物也統稱為五穀。這道粥也可以用市售的「雜糧」、「十穀」或「十六穀」等來製作。

中式鹹粥

以豆腐皮增加黏稠口感

材料（2 人份）

白米……1/2 盒（75g）

薄豆腐皮……1 盒、枸杞……數顆、乾木耳……1 片

乾海帶芽……少量、乾海帶芽浸泡液……100ml

綜合高湯（昆布高湯 700ml、葫蘆乾高湯 200ml）

作法

1 乾木耳泡水約五十分鐘回軟，切絲。

2 乾海帶芽泡水回軟，保留浸泡液備用。

3 將綜合高湯煮沸，於鍋裡放入洗好的米，以中小火煮約二十分鐘。

4 在 **3** 中放入豆腐皮、海帶芽（也含浸泡液 100ml）、木耳和枸杞，加熱約十分鐘。

中式鹹粥品通常以動物性高湯來製作，不過製作精進料理時，則用海帶芽浸泡液來表現中式風味。

用鍋煮飯

甜味與香味俱佳！

基本的分量

米……3 盒（450g）、水……570ml

〔洗米法〕

1 在放入米的鋼盆中，倒入乾淨的水，輕輕混拌後倒掉水。

2 倒入少量的水，一面用手掌根部輕輕按壓，一面迅速搓洗約四十次。

3 鋼盆中的水泛白時，將水龍頭開大，直接沖水，以沖出米糠的泡沫。水快溢出前關小，用手拂去表面的浮沫。

4 重複步驟 **3** 約兩次，直到洗米水變透明。

5 將米放在網篩中靜置約二十分鐘。

〔美味煮飯法〕

1 將洗好的米放入鍋中，加入水，以中火加熱。

2 鍋裡的水煮沸，待快要溢出時，轉最小火約煮十五分鐘。

3 十五分鐘後，轉大火加熱五秒後熄火，約燜二十分鐘。

以較短的時間來煮飯，米飯的風味確實變得更好，請務必試試用鍋子煮飯。我料理教室的學生吃過一次後，都驚訝於它的不同美味，之後大家好像都會改用鍋子來煮。除了可用煮飯用的砂鍋來煮外，用有蓋的厚鍋也行。

米一盒的重量，配上 1.2 ～ 1.4 倍的水炊煮（若是加 1.2 倍的水，煮出的米較硬；加 1.4 倍的水，則米較軟）。

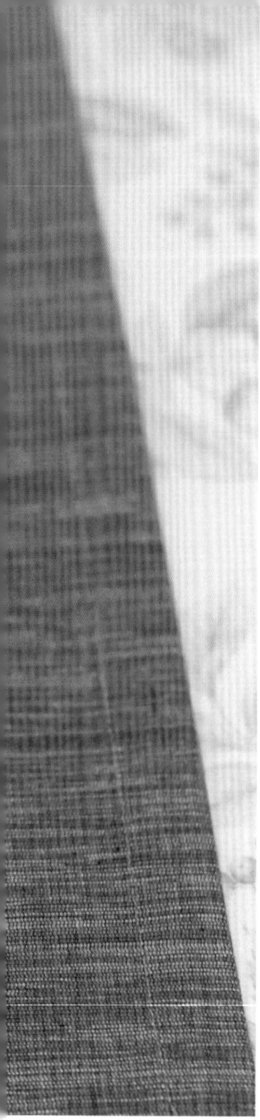

油菜花散壽司

精進高湯更添風味

材料（2人份）

米……1.5 盒（225g）
油菜花……1/2 把
綜合高湯（昆布高湯、香菇高湯各 125ml）
日本酒……1 大匙
煮過高湯的乾香菇……2 朵
油豆腐皮……1/2 片、胡蘿蔔……50g
麻油……1/2 小匙
淡口醬油……1/2 小匙、天然鹽……少量
壽司醋（紅醋 30ml、黃砂糖粉 20g、天然鹽一小匙）
青紫蘇葉……少量、炒過的白芝麻……少量

作法

1 將米洗好，放在網篩上靜置十分鐘，再放入炊飯鍋中，加綜合高湯和日本酒浸泡約二十分鐘後炊煮。
2 油菜花用鹽水汆燙約一分鐘，以扇子等煽涼，切成一半的長度，莖部切碎備用。
3 香菇乾和油豆腐皮切碎，胡蘿蔔切成 4cm 長的短條。
4 在平底鍋中放入麻油加熱，拌炒 **3**，用淡口醬油和天然鹽調味備用。
5 米煮好後，移至米飯台或淺鋼盤中，淋上壽司醋迅速混合。
6 用扇子等煽涼約三十秒，用濕布覆蓋表面，靜置約三十分鐘，讓味道融合。
7 在 **6** 中放入 **4** 和切碎的油菜花莖，稍微混合。
8 盛入容器中，再放上油菜花穗和切碎的青紫蘇葉，最後撒上白芝麻。

這是女兒節等節日常吃的散壽司。這個傳統節日料理，雖然在江戶時代才普及，但據說最早起源於室町時代貴族們喜好的飾飯（將已調味的菜料放在飯上的裝飾飯）。
製作壽司醋時，可將材料放入能密封的果醬空瓶等中搖晃，讓它們充分混合。

新薑飯

清爽的辣味誘人食欲

材料（2 人份）

米……1.5 盒（225g）

綜合高湯（昆布高湯 250ml、日本酒 1 大匙

天然鹽 1/2 小匙、白醬油或淡口醬油 1/2 小匙）

新生薑……25g　青紫蘇葉……1 片

作法

1 米洗好後，放在網篩上靜置約十分鐘，放入炊飯鍋中用綜合高湯浸泡二十分鐘。

2 徹底洗淨新生薑，連皮切絲。

3 在浸泡好的米中，放入新生薑一起炊煮。

4 盛入容器中，放上切絲的青紫蘇葉。

比起外觀漂亮與否，更重要的是選擇紅、白顏色分明，水嫩多汁的新生薑。

瓜泥秋葵豆腐丼

調味的芥末風味是料理精華

材料（2 人份）

小黃瓜……1 條、秋葵……2 根、絹豆腐……150g

薯蕷昆布……15g

綜合高湯（淡口醬油 1 小匙、煮過的味醂 1 小匙、青芥末 3g）

米飯……兩餐份

（譯註：「薯蕷昆布（とろろ昆布；tororo-konbu）」是將醋泡軟的昆布，加工削製成絲或片的產品。）

作法

1 將味醂放入鍋中加熱，煮到酒精蒸發後備用。

2 小黃瓜磨泥（湯汁別丟，保留備用）。

3 秋葵一根切末，另一根橫切圓片。

4 在鋼盆中放入 **2**、小黃瓜湯汁、切末的秋葵、搗碎的豆腐、撕碎的薯蕷昆布充分混合，放入冷藏庫冰涼。

5 在容器中倒入綜合高湯，加入 **4** 和切圓片的秋葵。

小黃瓜磨泥時會釋出大量水分，可用來泡軟薯蕷昆布，所以請勿倒掉。

什錦菇飯

品嚐添加舞茸風味的高湯滋味

材料（2人份）

舞茸……1/2盒、鴻禧菇……1/2盒、香菇……1/2盒
杏鮑菇……1/2盒、米……1.5盒（225g）
綜合高湯（昆布高湯250ml、淡口醬油1小匙
酒1大匙、鹽1小匙）
油豆腐皮……1片、白芝麻……1大匙
山椒……少量（裝飾用）

作法

1 在昆布高湯中放入弄散的舞茸，煮沸一下放涼。
2 米洗好後，放在網篩中靜置約十分鐘，放入炊飯鍋中加綜合高湯浸泡二十分鐘備用。
3 用小火將油豆腐皮兩面稍微煎出焦黃色，切小丁。
4 白芝麻以小火稍微炒過備用。
5 在平底鍋中放入切成一口大小的鴻禧菇、香菇和杏鮑菇，炒到變軟。
6 在米中放入 **5**、舞茸、油豆腐皮和白芝麻一起炊煮。
7 盛入容器，放上山椒葉。

蓮藕菜飯

口感爽脆非常美味

材料（2人份）

米……3 盒（450g）
綜合高湯（昆布高湯 450ml、淡口醬油 2 小匙
　酒 2 大匙、鹽 1.5 小匙）
中蓮藕……1 個、胡蘿蔔……1/2 條
鴻禧菇……1 盒、蒟蒻絲……1 盒、鹽……少量
麻油……1 小匙、柚子皮……少量

作法

1 米洗好後，放在網篩上靜置約十分鐘，放入炊飯鍋中用綜合高湯浸泡二十分鐘備用。
2 蓮藕和胡蘿蔔去皮，切成 5mm 的小丁。
3 鴻禧菇剔除根部，切成小株。
4 蒟蒻絲切成 3cm 長，用水洗淨放在網篩上瀝除水分。
5 用平底鍋以中火加熱乾炒 **4**，炒到水分蒸發後，放入鴻禧菇，炒到香味散出後加入 **2**，撒鹽拌炒。
6 整體熟透後熄火，倒入麻油混合，加入米中炊煮，然後盛入容器，撒上磨碎的柚子皮。

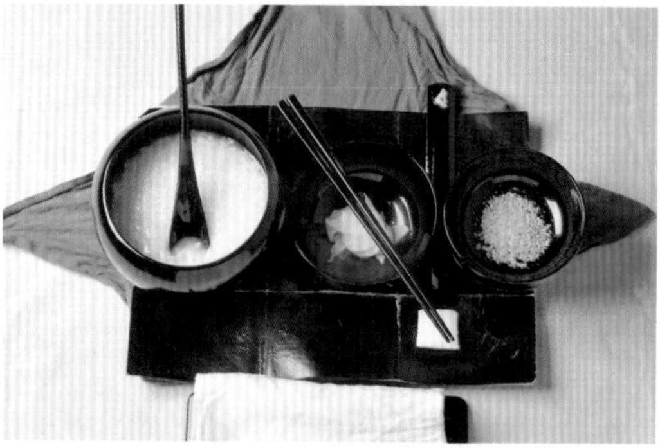

使用一生的餐具「應量器」

曹洞宗僧侶修行時使用的食器稱為「應量器」。這個名稱顧名思義是指因應每道料理的分量，讓人不殘留食物、分量合理的容器。

應量器不是像普通餐具那樣以洗潔劑清洗。而是用完餐後，以前端包著布、名為「刷」的細長刮板擦拭乾淨，依大小順序疊放，再以小綢巾包裹。應量器中的食物若沒吃完，就無法用竹片清理，所以容器中不能殘留食物，換句話說，等於要珍惜食物。

圖中是我修行時使用的應量器。在修行結束的今天，雖然我已很少用，不過看到應量器，仍會想起那段專心一意的修行時期。在冬季的坐禪堂，用無油的指尖很難拿穩滑溜的漆器，在還沒習慣之前相當辛苦。即便如此，等習慣之後，又進入另一階段的修行，而我做為僧侶的決心也更加堅定。

這個應量器基本上是一生使用一套。惜福感恩的佛法教誨，連器物也包含在內。

第二章

香汁（湯品）

享受多重風味

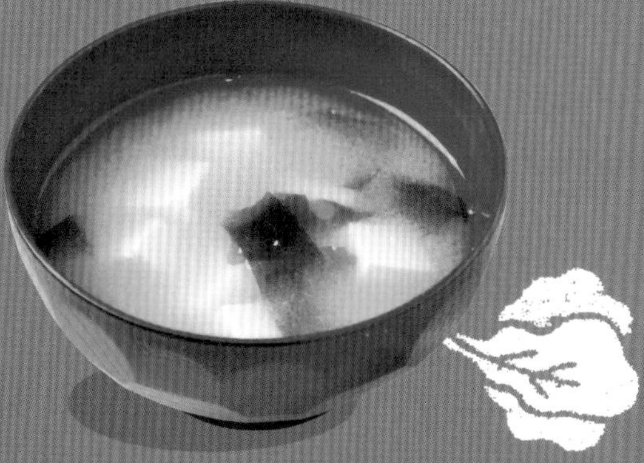

用全身品嚐高湯的風味
找回敏銳味覺

精進料理很重視所謂「淡味」的清淡口味。這種清淡口味的一大優點，是能讓人直接享受食材的味道。此外，尤其是我覺得清湯等湯品，須透過鼻子嗅聞香味、舌頭品嚐味道，以全身感官來品嚐出其中使用的高湯和食材的味道。

持續淡味飲食，味覺感受會逐漸變得敏銳，能夠嚐出細緻風味，感受到重疊的複雜風味等。換句話說，一定會感覺到餐點更加美味。

重視淡味這一點，可說是受到重視高湯的日本飲食文化的影響，也符合精進料理重視完整食材的精神。

精進料理是修行時的飲食，希望透過那樣的飲食，覺察到我們需要仰賴許多生命才得以生存，進而珍惜地善加運用每一樣食材。而且，精進料理的飲食，不用調味料增加濃厚風味，而重視活用各食材的特性，徹底發揮食材的優點。請透過精進料理，讓自己習慣清淡的風味，以尋回敏銳的味覺吧。

基本的清湯

高湯決定風味

材料（2 人份）

絹豆腐……1/3 塊
生海帶芽……適量（也可用乾海帶芽）
綜合高湯（昆布高湯 500ml、日本酒 3 大匙
白醬油或淡口醬油 1 小匙、天然鹽 1 小匙）

作法

1 生海帶芽放入熱水中數秒取出，切成一口大小備用（使用乾海帶芽時，先泡水回軟備用）。
2 在鍋裡放入高湯材料，煮沸一下後，放入切成小丁的絹豆腐，以小火加熱一分鐘。
3 在容器中放入海帶芽，倒入 2 即完成。

清湯能夠讓人直接感受高湯的味道。最理想的鹹味，是喝第一口時覺得「好像淡了點」，但愈喝愈適中的味道。

基本的味噌湯

品嚐風味

材料（2 人份）

木棉豆腐……1/3 塊
生海帶芽……適量（也可用乾海帶芽）
昆布高湯……500ml
綜合味噌（也可用自己喜愛的味噌）50g

作法

1 生海帶芽放入熱水中數秒取出，切成一口大小備用（使用乾海帶芽時，先泡水回軟備用）。
2 在鍋裡煮沸昆布高湯，放入切成小丁的木棉豆腐，煮沸一下後轉小火，融入味噌。
3 在容器中放入海帶芽，倒入 **2** 即完成。

若要在這道湯中加入某種蔬菜，在融入味噌前，請先放入菜料煮沸一下。放入味噌後再煮沸，風味會流失，這點請留意。

馬鈴薯毛豆涼湯

甜味中散發香味

材料（2 人份）

花生……20g、中馬鈴薯……2 個
鴻禧菇……1 盒
橄欖油……1 小匙、水……250ml
豆奶（原味）……150g
天然鹽 1/2 小匙
毛豆湯（毛豆〔僅豆子〕30g、
　　豆奶〔原味〕50g、水 50ml、
　　白醬油或淡口醬油 5g
　　橄欖油 1/2 小匙）
義大利巴西里（切末）……少量

作法

1 花生乾炒至稍微上色的程度。
2 毛豆用熱鹽水汆燙二分鐘，取出豆仁備用，並剔除薄皮。
3 馬鈴薯去皮，切小丁；鴻禧菇切除根部，分成小株。
4 平底鍋以中火加熱，倒入橄欖油加熱，放入 **3** 拌炒五分鐘，加入水 100ml，約煮兩分鐘。
5 將 **4** 放入果汁機，加入花生、豆奶、水 150ml 和天然鹽攪打，變細滑時取出。
6 在洗淨的果汁機中，放入毛豆湯的材料攪打，直到變細滑為止。
7 將 **5** 和 **6** 分別用濾網過濾，稍微變涼後，放入冷藏庫冰涼。
8 將 **5** 倒入容器中，再倒入毛豆湯，撒上義大利巴西里。

這種涼湯原是用研缽將食材研磨成高湯，得花相當長的時間製作。研磨的工作改用果汁機，短時間就能攪打變細滑，非常方便，製作這類費工的料理時，我會採用這個做法。

口感濃稠

蓮藕冬瓜湯

材料（2人份）

綜合高湯（昆布高湯400ml、日本酒2大匙

白醬油或淡口醬油2小匙、天然鹽1/2小匙）

冬瓜……100g、蓮藕……100g

鷹爪辣椒（切圓片）……1/2根、青芥末……少量

作法

1 混合綜合高湯的材料煮沸一下。

2 冬瓜去皮後，切成5mm厚。同時將已剔除種子的瓜囊切碎備用。

3 蓮藕去皮、磨泥。

4 在鍋裡放入綜合高湯煮沸一下，加入**3**、冬瓜、瓜囊和鷹爪辣椒，開小火一面煮，一面撈除浮沫。

5 冬瓜煮軟後，融入青芥末，盛入容器中。

磨泥的蓮藕能使湯汁自然變濃稠，是一道口感清爽的湯品。加入一般丟棄不用的冬瓜囊一起燉煮，能使湯汁變得更濃稠、美味喲。

紅高湯的味噌湯

加入白味噌口感更溫潤

材料（2 人份）

滑菇……1 盒、昆布高湯……600ml
日本酒……2 大匙、八丁味噌……25g
白味噌……25g、木棉豆腐……1/4 塊
天然鹽……適量

作法

1 滑菇放入網篩中，澆淋熱水，稍微去除黏液備用。
2 在鍋裡倒入昆布高湯和日本酒，以中火煮沸後，放入滑菇，撈除浮沫。
3 轉小火，融入八丁味噌和白味噌，放入切小丁的木棉豆腐。
4 試試味道後加鹽調整，最後盛入容器。

在特別的日子裡，永平寺一定會有紅高湯製作的料理。我原本不太喜歡八丁味噌，但在永平寺學到混入白味噌能使它味道變溫和，所以我現在變得很愛紅高湯。

我在永平寺修行，喝到這道使用乾海帶芽的湯品時，覺得「啊，這是中式風味！」味道像偶然試嚐的海帶芽浸泡液。料理想呈現中式風味時，乾海帶芽很方便實用。

中式海帶芽粉絲湯

濃稠湯汁使人逐漸溫暖

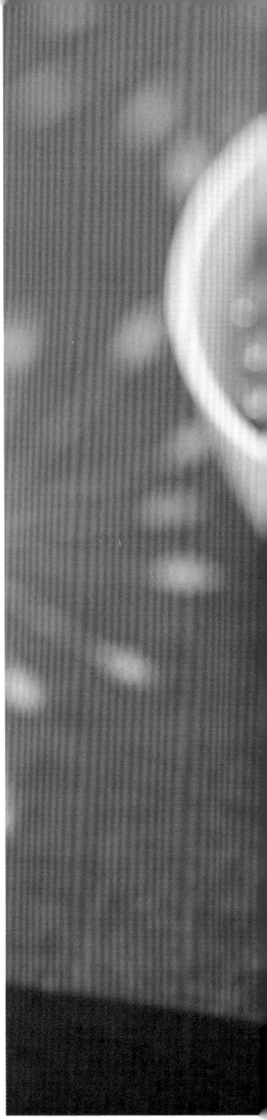

材料（2 人份）

綜合高湯（昆布高湯 200ml、乾海帶芽浸泡液 200ml、日本酒 3 大匙、紹興酒 2 小匙、白醬油或淡口醬油 2 小匙、天然鹽 2g）
乾燥海帶芽……5g、綠豆粉絲……20g
木耳……10g、麻油……1 小匙
白芝麻……少量、天然鹽……少量
片栗粉調水（片栗粉 1 小匙、水 1 小匙）

作法

1 混合綜合高湯的材料煮沸。
2 乾海帶芽泡水回軟，浸泡液保留備用。粉絲也泡軟備用。
3 木耳泡軟切絲。
4 在平底鍋裡放入麻油，以中火拌炒木耳，加白芝麻、天然鹽稍微拌炒。
5 在 **4** 中加入綜合高湯煮沸一下，加入泡軟的乾海帶芽和粉絲，熄火，均勻倒入調水的片栗粉稍微混合，盛入容器。

修行時注入活力的高野豆腐和豆沙麵包

修行僧的一天始於早晨的三點半，直到十點半才就寢。我負責烹調時，為了準備早齋，還得早起兩個鐘頭。總之，在永平寺度過的一天，時間非常長，而且大半時間都在進行作務與坐禪，每天總是筋疲力盡。在這樣的修行生活中，吃飯是件樂事。

油炸料理是修行僧的人氣菜色，其中我最喜愛的是本書介紹的炸煮高野豆腐（頁70），外皮口感滑潤，裡面水嫩美味，令我感到震撼，而且分量十足，至今我仍鮮明記得這讓我的疲憊身軀恢復活力的美味。

在修行之前，我即使肚子不餓，時間到了大多還是會吃飯。可是修行時，用餐時間都極度飢餓。透過那樣的體驗，我深切感受到吃飯才能維持體力，體認到能吃飯真是件值得感謝的事。另外，永平寺在每年舉辦數次的淨川作務日子裡，還會特別發放豆沙麵包，細細品味時，好吃到連我自己都覺得驚訝。認真勞動後的飢餓感，我想是讓料理美味的最佳調味料。

第三章

活用完整食材

別菜（主菜）

考量食用者需求 用心烹調

我在永平寺修行時期，被分派到專門負責烹調的「大庫院」。在那段時間裡，我烹調過令我難忘的料理，那就是負責為高齡一百零四歲的禪師烹調四道特別料理。當時我曾詢問前輩，要做什麼料理禪師才喜歡，他給了我這樣簡單的提示：禪師喜愛簡單的料理。那時正值秋季，於是我想到製作頁102所介紹的清烤生香菇。日後，從他人口中得知禪師很喜歡那道料理，聽到後我總算鬆了口氣。

儘管禪師年事已高，但只吃軟爛的料理，必定感到很無趣。因此，我站在禪師的立場用心思考，希望製作的料理能讓他感受食材特有的口感，味道清爽又容易消化，而且能夠嚐到完整香菇的美味。不過比起味道的好壞，我想禪師一定能夠理解年輕修行僧那種單純的想法。有了那次經驗之後，每次烹調我都會竭盡全力，用心去思考如何活用食材的優點，或是食用者的喜好等。

ROX

節慶時，永平寺會同時提供烏龍麵（祝麵）和蔬菜天婦羅。精進料理不使用一般天婦羅麵衣中所用的蛋，所以改用泡打粉取代（譯註：禪宗寺院節慶時所吃的素麵稱為「祝麵」）。

夏季蔬菜天婦羅

加入米粉增加酥鬆口感

材料（2 人份）

南瓜……1/4 個、茄子（中）……1 條
青紫蘇葉……2 片、炸油……適量
低筋麵粉（防沾粉用）……適量
天婦羅用麵衣（低筋麵粉 120g、米粉〔上新粉或丸子粉（譯註：蓬萊米與糯米粉混合製成）等〕……30g
泡打粉〔小蘇打〕1/3 小匙、天然鹽 1 小匙）

作法

1 南瓜切成 1cm 厚的片狀。茄子去蒂頭後切半，頭部保持相連，每間隔 5mm 切開。蒂頭縱向切半，削除硬刺備用。

2 混合天婦羅用麵衣的材料，如切割般混合二～三次備用。

3 材料分別薄沾防沾粉，裹上天婦羅用麵衣，靜靜放入 180℃的油中，每炸一分鐘就翻面。

4 炸至各材料全熟透，麵衣酥鬆後取出，徹底瀝除油分，盛入容器中。

金針菇和炸豆腐

外皮酥脆，裡面柔嫩

材料（2 人份）

四季豆……5 根、 木棉豆腐……1/2 塊
片栗粉……20g、米粉……20g、炸油……適量
綜合高湯（昆布高湯 200ml、日本酒 1 大匙、白醬油或淡口醬油 1 小匙、天然鹽少量）
金針菇……1 盒

作法

1 四季豆用鹽水汆燙約三十秒，放在網篩中讓它稍微變涼。
2 木棉豆腐瀝除水分，切半，薄沾上片栗粉和米粉混成的粉，以 180℃的油炸成黃褐色。
3 在鍋裡放入綜合高湯和切半的金針菇加熱。
4 在容器中盛入 **2**，淋上 **3**，再放上切半的四季豆。
5 冬瓜煮軟後，融入青芥末，盛入容器中。

豆腐外皮口感酥脆的祕訣，是在沾粉中加入米粉。
豆腐炸好後以吃起來口感膨軟為目標！

煮南瓜

南瓜勿煮碎

材料（2 人份）

南瓜……1/8 個

綜合高湯（昆布高湯 300ml、香菇高湯 100ml、淡口醬油 1 大匙、酒 1 大匙、鹽 1 小匙）

作法

1 將南瓜切成適當大小，在皮面切花，再削除稜角。

2 將南瓜的皮面朝下放入鍋裡，倒入綜合高湯蓋過南瓜約 2/3 的高度，以大火加熱。

3 煮沸後加上內蓋，以小火煮十五分鐘。

4 熄火，稍微變涼後盛入容器中。

南瓜不煮碎的重點是高湯的分量少一些，並加上內蓋；烹調訣竅是燉煮時不翻動南瓜！

芥末梅突顯白蘿蔔的甜味

聖護院白蘿蔔豆腐排　梅與鶯

材料（2 人份）

聖護院白蘿蔔 1.5 ～ 2cm 寬的圓片……2 片

豆腐餡（煎豆腐 1/3 塊、紫蘇羊栖菜〔市售調味品〕10g、片栗粉 1 大匙）

梅乾……1 個

片栗粉（塗抹用）……適量

麻油……1 大匙

青紫蘇葉……4 片

青芥末……少量

作法

1 將聖護院白蘿蔔厚厚地削去外皮，以切模將中間挖空，成為環狀。

2 先擦乾煎豆腐表面的水氣，放入鋼盆中碾碎，充分混合紫蘇羊栖菜和片栗粉，製成豆腐餡。

3 梅乾剔除種子，用刀剁碎。

4 在聖護院白蘿蔔中填入豆腐餡，放在手掌上，用茶濾從上方薄撒上片栗粉；撒粉面朝下，放入已加熱麻油開中火的平底鍋中煎烤，另一面也從平底鍋上薄撒上片栗粉。

5 兩面適度煎過後，盛入鋪有青紫蘇葉的容器，佐配剁碎的梅肉和青芥末。

無法買到聖護院白蘿蔔時，用大蕪菁來製作也很美味，但蕪菁較快熟，烹煮時請留意。此外，在表面撒片栗粉，若兩面一次全撒上粉，豆腐餡會黏在手上，所以稍微費點工，依照食譜內容依序撒粉，最後才不會失敗。

濃縮番茄的美味

炸秋葵與醃番茄

材料（2 人份）

秋葵……1 盒、番茄 (中)……3 個

片栗粉……適量、炸油……適量

醃漬液（蘋果醋 2 大匙、橄欖油 1 大匙、番茄 (中) 切末一個、酸豆〔鹽漬〕切末 10 粒、綠橄欖〔鹽漬〕切末 1 個、綠橄欖醃漬液 2 大匙、乾青紫蘇葉 2 小撮）

作法

1 混合醃漬液的材料，放入冷藏庫備用。

2 秋葵用鹽搓揉後，輕輕清洗，去硬蒂部分，縱切一半。

3 番茄切成 1cm 厚的圓片，不淋油，兩面適度煎過。

4 在 **2** 上沾上片栗粉，放入 160℃的油中炸一下，瀝除油，放到 **3** 的番茄上。

5 在 **4** 上淋滿醃漬液，蓋上保鮮膜讓它稍微變涼，涼了之後放入冷藏庫約冰二十分鐘。

茄汁手工馬鈴薯球

即使沒有蛋也很美味

材料（2 人份）

馬鈴薯……150g、新生薑……10g、芹菜……1/2 根
煮過高湯的昆布……適量、高筋麵粉……30g
片栗粉……10g、橄欖油……1 又 1/2 大匙
橫切辣椒……1 小撮、天然鹽……1/2 小匙
番茄罐頭……1/2 罐

作法

1 馬鈴薯用鹽水煮二十～三十分鐘，直到能用竹籤迅速穿透，去皮。新生薑、芹菜和昆布切末。

2 馬鈴薯用網篩過濾，加入高筋麵粉和片栗粉混合到尚未出筋的程度，揉成棒狀，切成一口大小。

3 將 **2** 放入大量的熱水中煮，浮起後用網篩撈起。

4 和 **3** 同時進行，在平底鍋中放入橄欖油和切末的新生薑、切圓片的辣椒，以小火加熱，散出香味後，加入番茄罐頭、切末的芹菜、昆布和天然鹽，以中火加熱，途中加入 **3** 的煮汁，讓它乳化成番茄醬汁。

5 在 **4** 的番茄醬汁中，混合 **3** 後盛入容器中。

風味溫潤的宴客菜

酪梨真薯豆奶湯

材料（2 人份）

木棉豆腐……1/4 塊、馬鈴薯……1/2 個
青紫蘇葉……2 片
煮過高湯的昆布……15cm 正方片

豆奶汁（昆布高湯 200ml、豆奶〔原味〕100ml
　白醬油或淡口醬油 2 小匙、天然鹽 1 小匙、日本酒 2 大匙）
酪梨……1/4 個、天然鹽……少量、片栗粉……5g
片栗粉（塗抹用）……適量、炸油……適量
義大利節瓜切片……2 片、青芥末……少量

作法

1 用餐巾紙捲包木棉豆腐，壓上重物約三小時，擠乾水分備用。
2 馬鈴薯去皮，用鹽水煮到變軟，瀝除水分細細碾碎。
3 將青紫蘇葉和煮過高湯的昆布切碎。
4 將豆奶汁的材料混合，用鍋煮沸一下。
5 酪梨剔除種子、去皮，切成較小的一口大小。
6 在木棉豆腐、馬鈴薯、青紫蘇葉和昆布中，混入天然鹽和片栗粉，製作真薯餡，在餡料中放入 **5** 揉圓，薄沾片栗粉，放入 180℃的油裡炸成黃褐色為止。
7 在容器中倒入豆奶汁，放入 **6**，再放入用鹽水稍微汆燙的義大利節瓜和芥末。

建議馬鈴薯選用容易煮爛的男爵品種。真薯的油炸要訣是，在快炸好時將油溫升高，將表面炸至酥脆。

番茄涼湯
推薦做為宴客料理

材料（2人份）

水果番茄（中）……6顆、天然鹽……少量

蓴菜……1盒

綜合高湯（昆布高湯400ml、日本酒2大匙、白醬油或淡口醬油2小匙、天然鹽1小匙）

作法

1 將2顆水果番茄去蒂，泡熱水去皮。剩餘的番茄大致切塊，稍微撒點鹽，放入果汁機中攪打，倒入鋪了餐巾紙的網篩中過濾，製成番茄湯。

2 將蓴菜放入大量水中，浸泡約一小時，取出瀝除水分，放入番茄湯中。

3 在鍋裡放入綜合高湯的材料煮沸，放入去皮的番茄，以小火約煮二十分鐘。

4 番茄湯和稍微變涼的**3**連同煮汁，放入冷藏庫冰涼。

5 在容器中盛入瀝除煮汁的**3**，再倒入番茄湯。

小黃瓜精進義大利麵

即使沒用蒜，依然夠味

材料（2 人份）

小黃瓜……2 條、綠橄欖（鹽漬）……6 個
橄欖油……2 大匙、生薑（切末）……1 塊
鷹爪辣椒……1 條、 酸豆（鹽漬）……少量
義大利麵（1.4 ～ 1.6mm）……160g
鹽（煮麵用）水量的 2%

作法

1 小黃瓜切成 5mm 的小丁，綠橄欖去種子，剁碎。
2 在平底鍋中倒入橄欖油，放入生薑和切圓片的鷹爪辣椒，以小火加熱。散發香味後，放入小黃瓜、綠橄欖和酸豆，以中火拌炒。
3 用加了鹽的水煮義大利麵，在 **2** 中加入煮麵汁 200ml，讓醬汁乳化。另取煮麵汁 200ml 保留備用。
4 義大利麵比適當的水煮時間提早兩分鐘取出，和 **2** 混合，以大火再加熱整體。加入保留備用的煮麵汁，調整鹹味，迅速混合後盛入容器中。

炸牛蒡和蘆筍

享受季節香味和爽脆口感

材料（2 人份）

新牛蒡（或牛蒡）……1/4 根、蘆筍……2 根
青紫蘇葉（切絲）……5 片份
低筋麵粉……50g、泡打粉……1/2 小匙
冰水……80g
沙拉油鍋子高度 3cm 以上的量
天然鹽……少量

作法

1 新牛蒡充分洗淨，削薄片。蘆筍削除根部的硬筋，削薄片。
2 在放入新牛蒡、蘆筍、青紫蘇葉的鋼盆中，放入低筋麵粉和泡打粉，如切割般混合，倒入冰水攪拌一下。
3 將 **2** 鬆鬆地放在湯杓上，用筷子靜靜地直接放入 180℃的油中，兩面各炸一分三十秒，使其變酥脆，炸好後撈起放在網篩上瀝除油分。
4 盛入容器中，佐配天然鹽。

夏季盛產的新牛蒡，能夠讓人享受到澀味少的香味。我將它和同時令的蘆筍混合一起油炸，油炸時只要薄薄地沾裹麵衣，油盡量多一點，炸到變酥脆，佐配美味的鹽，便能大快朵頤了！

炸煮高野豆腐

滲入甜辣高湯的美味

材料（2 人份）

高野豆腐……3 塊、低筋麵粉……30g

炸油……適量、 豌豆莢……3 片

甜辣高湯（昆布高湯 150ml、濃口醬油 2 大匙、日本酒、味醂各 1 大匙、三溫糖或砂糖 1 大匙、天然鹽 1 小匙）

作法

1 將高野豆腐放入 60 ～ 80℃的熱水中，浸泡約五分鐘回軟，擠乾水分。換熱水浸泡，重複作業，直到擠不出白色液體為止。

2 在鍋裡放入甜辣高湯的材料混合，煮沸備用。

3 將切半的高野豆腐適度擠去水分，薄沾上低筋麵粉，放入 160℃的油中炸至上色。

4 將 **3** 放入煮沸的甜辣高湯中，以小火煮約十五分鐘。

5 稍微變涼後盛入容器，放上用沸鹽水汆燙過的豌豆莢。

蓮藕餅湯

Q韌的口感一吃上癮

材料（2人份）

蓮藕……100g、煮過高湯的昆布……1片
米粉……12g、天然鹽……1小匙、炸油……適量
綜合高湯（昆布高湯400ml、日本酒2大匙
　白醬油或淡口醬油2小匙、天然鹽1/2小匙）
鴻禧菇……1/4盒、豌豆莢……2片

作法

1 蓮藕洗淨，連皮磨碎，並將煮過高湯的昆布切末。

2 將**1**、米粉和天然鹽混合，放入盤子裡，蓋上保鮮膜蒸約五分鐘（沒有蒸鍋時，可放入600W微波爐中，加熱一分三十秒）；稍微變涼後，依照人數揉圓，放入180℃的油中炸成黃褐色。

3 在綜合高湯中，放入分成小株的鴻禧菇煮沸一下。

4 在容器中盛入**2**，倒入**3**，再放上水煮過切絲的豌豆莢。調整鹹味，迅速混合後盛入容器中。

提升氣氛色彩華麗的料理

水煮蘆筍和炸山藥佐三種醬汁

材料（2 人份）

粗蘆筍……3 根、山藥……20cm、
鹽（鹽水用）適量
片栗粉……20g、米粉……10g
炸油……適量
天然鹽……1 小撮
甜椒醬汁（紅椒 1 個、水果番茄 2 顆、去種籽的鹽漬綠橄欖 6 個、橄欖油 2 小匙）
酪梨豆奶醬汁（酪梨 1/2 個、豆奶〔原味〕150ml、天然鹽 1/2 小匙）
伊予柑醬汁（伊予柑果醬〔也可用柑橘類果醬〕適量）

作法

1 蘆筍用鹽水汆燙，分切成三等份。山藥用切模切成棒狀，用流水沖掉表面的黏液備用（若沒有切模，也可以切成長條狀）。

2 製作甜椒醬汁。甜椒隨意切塊，在平底鍋中用以中火加熱橄欖油，放入甜椒炒軟，和隨意切塊的水果番茄、綠橄欖一起放入果汁機中攪打。

3 製作酪梨豆奶醬汁。酪梨剔除種子和外皮，切碎，和豆奶、天然鹽一起放入果汁機中攪打。

4 片栗粉和米粉混合，塗在山藥上，以 180℃的油適度炸過，稍微撒點鹽，切成喜歡的長度。

5 在容器中放入 **2**、**3** 和伊予柑醬汁，再放上 **4** 和蘆筍。

我手邊已有美味的伊予柑果醬，所以直接當作醬汁使用。使用市售的果醬，能輕鬆享受各種美味。即使沒有柑橘類果醬，若有喜歡口味的果醬，不妨也試著用手製作這道料理！

以油炸增添美味

高湯燉炸白蘿蔔

材料（2 人份）

白蘿蔔……1/4 根、低筋麵粉……適量
炸油……適量
綜合高湯（昆布高湯 400ml、日本酒 3 大匙、淡口醬油 2 小匙、天然鹽 1/2 小匙）
水菜……1 棵、柚子皮（切絲）……少量

作法

1 混合綜合高湯的材料，煮沸一下後備用。
2. 白蘿蔔去皮，橫切 1cm 厚的圓片，一部分磨成泥。
3 在白蘿蔔上沾上低筋麵粉，放入 160℃的油中炸到呈黃褐色為止。
4 在 **1** 中放入 **3**，以中小火約煮十分鐘。
5 在容器中盛入 **4**，再放入切成 5cm 長的水菜、白蘿蔔泥和柚子皮。

當令的白蘿蔔特別甜美，不過經過油炸後，還能加入油的美味。

燜煮秋季蔬菜佐蕪菁醬汁

充滿鮮味的特製醬汁

材料（2人份）

南瓜……1/8個、白蘿蔔厚……3cm、舞茸……1/4盒
生香菇……2朵、麻油……1小匙
天然鹽……1/2小匙
昆布高湯……100ml
蕪菁醬汁（蕪菁1個、昆布高湯150ml、天然鹽少量）

作法

1 南瓜切成易食用的大小，在皮面切花，再削去稜角。白蘿蔔分切成四等份。
2 在鍋裡放入南瓜、白蘿蔔、舞茸和切半的生香菇，撒上麻油、天然鹽和昆布高湯，加蓋，以中小火約煮十分鐘。
3 蕪菁切除葉子，直接連皮切薄片，和昆布高湯、天然鹽一起用大火加熱，煮到蕪菁變軟後，放入果汁機中攪打。
4 在容器中盛入**2**，上面淋上**3**。

蔬菜生春捲

乾物的鮮味是重點特色

材料（2 人份）

乾香菇……1 朵、蘿蔔乾……10g
梅醬油（梅乾 1 個、淡口醬油 1 大匙、
　　昆布高湯……1 大匙）
小黃瓜……1/4 根
胡蘿蔔……1/4 條、油豆腐皮……1/4 片
煮過高湯的昆布……10cm 正方片
麻油……1 小匙、天然鹽……少量
淡口醬油……少量
米紙（Rice paper）……2 片
青紫蘇葉……2 片

作法

1 乾香菇、蘿蔔乾浸泡溫水回軟，保留浸泡液備用。

2 梅乾剔除種子，用刀剁碎，和淡口醬油與昆布高湯混合，製作成梅醬油。

3 小黃瓜、胡蘿蔔、油豆腐皮、煮過高湯的昆布和乾香菇分別縱切成 4 ～ 5cm 長的細條。

4 在平底鍋中加熱麻油，拌炒除了小黃瓜和胡蘿蔔以外的 **3**，加蘿蔔乾浸泡液、鹽和淡口醬油讓菜料吸收，製作炒蔬菜絲。

5 米紙的兩面用水沾濕放在砧板上，放上青紫蘇葉，上面放上 **4**、小黃瓜和胡蘿蔔捲包起來。

6 切半，盛入容器中，佐配梅醬油。

春捲中不使用海鮮，以鮮味濃的乾香菇和昆布製作炒蔬菜絲，以表現重點風味。

蘿蔔泥煮冬季蔬菜湯

熱呼呼的蘿蔔泥利於消化

材料（2人份）

胡蘿蔔……1/2根、杏鮑菇……2根、油豆腐……1片
水菜……1棵、白蘿蔔泥200g、本味醂1小匙
綜合高湯A（昆布高湯500ml、日本酒2大匙
白醬油或淡口醬油2匙、天然鹽1/2小匙）
綜合高湯B（鴻禧菇1/4盒、昆布高湯200ml、日本酒2大匙、天然鹽1/2小匙）

作法

1 胡蘿蔔、杏鮑菇和油豆腐切成一口大小，鴻禧菇切半，水菜切成3cm長。
2 在鍋裡放入綜合高湯A的材料煮沸一下，放入杏鮑菇和油豆腐約煮十五分鐘。
3 稍微變涼後，加入本味醂和胡蘿蔔，以中小火約煮二十分鐘。
4 在別的鍋裡放入綜合高湯B的材料煮沸一下，加入白蘿蔔泥。
5 在容器中盛入**3**的餡料，上面淋上**4**，再散放上水菜。

烏醋炒芋頭

享受略微濃郁的風味

材料（2 人份）

芋頭（小）……6 個、青椒……2 個、木耳……3 朵
炸油……適量、麻油……1 小匙、辣椒絲……少量
生薑切末……少量
綜合調味料（烏醋 2 大匙、昆布高湯 200ml、紹興酒 1 大匙、三溫糖或砂糖 3 大匙、濃口醬油 2 小匙）
調水的片栗粉（片栗粉 1 大匙、水 1 大匙）

作法

1 芋頭去皮，青椒和泡水回軟的木耳隨意切塊。
2 擦乾芋頭表面水分，放入 180℃的油中清炸至上色。
3 平底鍋加熱麻油，放入青椒和木耳炒軟，盛入容器。
4 在 **3** 的平底鍋中加入綜合調味料加熱，轉小火，加入調水的片栗粉，煮到變黏稠後，加入 **2** 混合一下。
5 將 **4** 盛入 **2** 的容器中，加辣椒絲即完成。

田樂烤蓮藕

口感也相當豐富

材料（2人份）
生香菇（小）……3朵
蓮藕（中）……1個
綜合味噌……20g、味醂……1大匙
梅酒……1大匙
木棉豆腐……1/2塊
淡口醬油……1/2小匙、鹽……少量
片栗粉……適量、麻油……1大匙

作法

1 將生香菇的菇柄切末乾炒，其他部分用平底鍋煎烤做為配菜用。
2 蓮藕洗淨、去皮，切成3cm厚，浸泡醋水備用。
3 在鍋裡放入綜合味噌、味醂和梅酒，用小火煮到酒精蒸發，製作田樂味噌。
4 木棉豆腐瀝除水分，用網篩過濾，加入生香菇柄、淡口醬油和鹽混合。
5 蓮藕孔中塞入**4**，薄沾上片栗粉。
6 在平底鍋裡加熱麻油，放入**5**後加蓋，以小火約煎二十分鐘，將兩面適度煎黃。
7 掀蓋，用大火兩面各煎約二十秒，將表面煎至酥脆，分切成一口大小。
8 盛入容器，佐配上香菇和田樂味噌。

蓮藕若不燜煎，無法徹底熟透，所以加熱時務必加蓋。切薄片的蓮藕，無法享受到這樣的口感！

白蘿蔔鑲蔬菜

裝飾也很精緻

材料（2 人份）

白蘿蔔……10cm、鴻禧菇……20g、茄子……20g

白蘿蔔葉……10g

羹湯（昆布高湯 100ml、白醬油或淡口醬油 2 小匙
片栗粉 2 小匙）

麻油……少量

作法

1 白蘿蔔去皮，縱切一半，斷面挖空成為容器狀。做為底面的部分也切除，形成平底座。

2 將鴻禧菇、茄子和白蘿蔔葉分別切碎。

3 羹湯的材料放入鍋裡以中火加熱，迅速混拌以增添黏性，離火。

4 白蘿蔔放入蒸鍋，以中火約蒸三十分鐘，直到呈透明感。

5 將鴻禧菇、茄子、白蘿蔔葉，以麻油炒到變軟。

6 在 **4** 中填入 **5**，盛入容器中，再淋上 **3**。

田樂山椒味噌茄

能嚐到淡淡的辣味

材料（2 人份）

山椒味噌（山椒芽〔切末〕……5 片
白味噌……30g、豆奶〔原味〕……2 大匙
日本酒、本味醂各 1 大匙
茄子……1 個、麻油……適量

作法

1 在鍋裡放入山椒味噌的材料，以小火加熱，用木匙約攪拌三分鐘。

2 茄子沿蒂頭切一圈，縱切一半。從距離切口皮面 5mm 的內側劃切口，皮面也劃出格紋切口備用。

3 在 **2** 的整個表面薄塗上麻油，放在魚用烤架上，以小火將兩面各烤五分鐘。

4 在 **3** 的切口上塗上 **1**，烤到味噌稍微上色，盛入容器中。

讓各地寺院
成為令人更愉快的地方

根據二〇一四年一月的統計，日本全國便利商店總數近五萬家；而根據二〇〇〇年的統計，日本全國寺院數約七萬五千座。事實上，寺院的數量遠多於便利商店。

這麼多的寺院，我想是希望大家能夠更善加利用。我所屬的普門寺，院內有開辦瑜珈班，每週還舉辦坐禪會。我常聽到初次參加坐禪會的人表示，覺得坐禪「很有趣」，不過，實際盤腿坐禪後，也許和某些想像有落差。大眾能夠體驗佛教的教誨，對我們來說是件值得高興的事。

由寺院舉辦這類活動相當重要，但我的願望是希望更多人能夠活用寺院。大部分的人只有在葬儀或忌辰法事等，才有機會接近寺院。然而，我們僧侶隨時歡迎各位來訪，希望大眾能告訴我們對寺院有何期望。我想這樣的交流能塑造寺院的新形態，讓寺院變成對各位來說也是「快樂」的地方。請各位務必試著造訪當地的寺院。

第四章

別菜（配菜）

用心費工的豐盈美味

享受從容用心的烹調

修行時期，當我看到凜然佇立在僧堂穿著黑衣的雲水（修行僧）們，以及廚房值班者肅穆搗碾芝麻的姿態，就會覺得「好帥」。尤其是後者，在寧靜的典座寮（譯註：典座指齋堂），正確、規律搗磨芝麻的聲音，即使我自己來搗磨，心情也會神奇地靜肅起來。

碾磨芝麻的訣竅是，不施力，只朝一個方向輕輕搗磨。用力的話會榨出許多芝麻油，這樣就做不出乾爽的芝麻粉，所以相當花時間。忙碌的人通常是購買磨好的芝麻粉，不過烹調時享受仔細搗磨的過程，有時也能轉換一下心情。

開始料理前，請先試著磨磨芝麻，隨著平靜搗磨的聲音，你也能感受到心中逐漸沉靜下來的感覺。若心情感到焦躁，也可以按照自己的節奏來進行，我想這樣能使忙碌而僵化的日常心情產生變化。

在烹調精進料理的過程中，能夠瞥見找到自己真心的瞬間。如果你能夠享受稍微費工的烹調過程，我想那時心就已經放鬆、從容了。

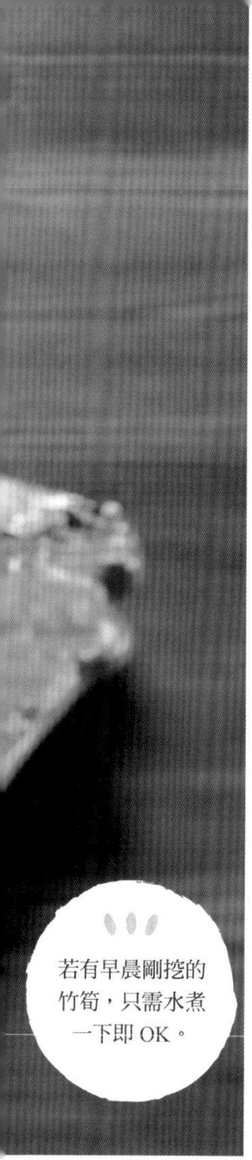

若有早晨剛挖的竹筍，只需水煮一下即 OK。

淡淡的苦味是春之味

油菜花佐竹筍醬汁

材料（2 人份）

米糠……1/2 杯、紅辣椒……1 根
竹筍……100g
昆布高湯（天然鹽……1/2 小匙
本味醂 1 小匙）
油菜花……1/2 把

事前準備（竹筍連皮汆燙去澀味）

1 剝除二、三片竹筍外皮，保留剩餘的皮，直接放入水中洗去污泥。
2 斜切掉前端，在皮上縱向切一條切口。
3 放入鍋中，加入可蓋過竹筍的水和米糠（也可用洗米水），加一根紅辣椒一起加熱。
4 加上內蓋，水煮到用竹籤能迅速插入（約兩小時）的程度，然後直接放在水裡放涼，去皮。
5 放在乾淨的水中清洗，浸泡在水中，放入冷藏庫一晚。

作法

1 竹筍用昆布高湯煮二十分鐘，切碎。放入果汁機中，加煮汁 100ml、天然鹽和本味醂，攪打變細滑為止。
2 油菜花用煮竹筍的煮汁汆燙約二十秒，放在網篩上，用扇子搧涼，以去除水氣。
3 切成易食用的長度，盛入容器中，再淋上 **1**。

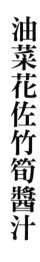

在水煮油菜花的過程中多花點工夫，就能使其成為洋溢滋味的料理。為了充分展現春季食材特有的淡淡「苦味」，這時的料理刻意減少甜味。

享受山菜般的苦味
涼拌土當歸酪梨

材料（2 人份）

土當歸……1 根（約 40cm）、酪梨……1/4 個

天然鹽……1 小撮、山椒葉……4 片

作法

1 土當歸皮的表面用刀刮掉，清洗乾淨，去皮，切成 5mm 的小丁，浸泡醋水（分量外）。

2 土當歸放入熱水中汆燙約十秒，再浸泡冷水，涼了之後擦乾水分。

3 酪梨用網篩過濾，混入鹽。

4 將 **2** 和 **3** 調拌後，盛入容器，放上山椒葉。

土當歸是全部能食用、無廢棄部分的食材，外皮也能製作炒蔬菜絲，吃起來很可口喲。

款冬味噌

以松子增加濃郁風味

材料（便於製作的分量）

松子……30g、款冬……9 ～ 10 個
麻油……1 大匙
材料 A （綜合味噌 250g、本味醂 4 大匙、黃砂糖粉 2 大匙、白芝麻粉視個人喜好）

作法

1 松子乾炒至上色程度，碾碎備用。
2 款冬用鹽水汆燙約一分鐘，放在網篩上濾除水分，切末。
3 在厚底鍋中放入麻油加熱，拌炒款冬，加入松子，炒乾多餘的水分。
4 在 **3** 加入 **A**，煮到砂糖完全融化為止。

分量做得較多時，可以放在密閉容器中冷藏保存。這道料理最適合用來下飯。

醃茄子和義大利節瓜

以昆布高湯使酸味變柔和

材料（2 人份）

茄子（中）……1/2 根

義大利節瓜（中）……1 /2 根

鹽……少量

醃漬液（昆布高湯 100ml、巴薩米克醋 2 大匙、淡口醬油 1 大匙、本味醂 1 小匙）

橄欖油……2 大匙

作法

1 茄子長度切半，縱切四等份，在皮面切花。義大利節瓜切成 4cm 長的條狀，撒鹽靜置十分鐘，清洗一下瀝除水分。

2 在鍋裡放入醃漬液的材料煮沸一下，倒入鋼盆中備用。

3 平底鍋開中火加熱橄欖油，放入義大利節瓜約炒一～二分鐘，放入醃漬液中，接著茄子約炒一～二分鐘，同樣放入醃漬液中。

4 在 **3** 上覆蓋保鮮膜，放入冷藏庫約一小時，再盛入容器中。

這道料理的外觀雖是義大利風，但我使用昆布高湯，將它變成日式風味。味道的關鍵在於醃漬液中使用巴薩米克醋，請使用直接品嚐也美味的調味料。

炒薑片

淡淡的甜味是重點

材料（2 人份）

豌豆莢……10 片、新生薑……60g、麻油……2 小匙
材料 A（日本酒 3 大匙、淡口醬油 1/2 小匙、黃砂糖粉 1 大匙）
檸檬皮（僅用日產品）……少量

作法

1 將豌豆莢去硬筋，用鹽水約煮一分鐘，切半。

2 充分洗淨新生薑，連皮橫切圓片，放入以大火已加熱麻油的平底鍋中拌炒，炒軟後加入 A 稍微煮加熱，加入豌豆莢迅速混合。

3 將 **2** 盛入容器，撒上磨碎的檸檬皮。

這道料理能夠讓人享受到新生薑的辣味、砂糖的甜味及檸檬皮的苦味等三種味道。若用日產檸檬，因為是減藥栽培，確實洗淨後便能安心使用。

豆腐拌蘆筍

運用芝麻風味增添香味

材料（2 人份）

木棉豆腐……1/3 塊、蘆筍……2 根
煮過高湯的乾香菇……1/2 朵
綜合高湯（大豆高湯 1 小匙、淡口醬油 1 小匙、味醂 1/2 小匙、鹽 1/2 小匙、白芝麻 1/2 小匙）

作法

1 在木棉豆腐上放鎮石約兩小時擠除水分，以網篩過濾。
2 在平底鍋中稍微炒過白芝麻，用研缽磨碎。
3 蘆筍用鹽水汆燙一下，放在網篩上瀝除水分，切成 3cm 長。
4 在鋼盆中放入所有材料和綜合高湯混拌，盛入容器中。

外觀也很清爽

蠶豆凍

材料（2 人份）

蠶豆……6 顆、小黃瓜切片……2 片
昆布高湯……150ml、洋菜粉……1g
材料 A（淡口醬油 1 小匙、天然鹽 1 小撮、
　　日本酒 1 大匙）
青紫蘇葉……1 片

作法

1 在蠶豆豆莢上劃切口，放在烤魚架上，用大火將兩面各烤三分鐘，取出果實，在變黑的部分劃切口，去薄皮。

2 用刨刀將小黃瓜縱向刨兩片，分別貼放在圓形小缽（也可用中空圈模）的邊緣，各放入分成兩半的蠶豆。

3 在鍋裡放入昆布高湯和洋菜粉加熱，煮沸後離火，加入 A 混合。

4 在 **2** 中倒入 **3**，稍微變涼後，放入冷藏庫冰三十分鐘，讓它凝固。

5 從模型中取出放在容器中，放上切絲的青紫蘇葉。

比起只用水煮，連莢烤過的蠶豆會更香，也更美味。也可以去除薄皮，烤到酥脆再放入製作。

番茄鑲豆腐

散發淡淡酸味的清爽料理

材料（**2 人份**）

水果番茄……4 顆、油豆腐……100g

蘿蔔乾……1g、青紫蘇葉……2 片

材料 A （橄欖油 1 小匙、鹽 1 小撮、柚子胡椒少量）

作法

1 番茄去蒂，上部切去 5mm 厚做為蓋子。為了穩固放置，底面也薄薄切去一層。裡面用湯匙挖空，挖出的果肉切碎。

2 將油豆腐外側油炸部分和內餡分開，外皮切末，內餡大致切碎。

3 蘿蔔乾泡水回軟，切末（浸泡液保留備用）。

4 油豆腐、蘿蔔乾和切末的青紫蘇葉混合，填入番茄中。

5 蘿蔔乾浸泡液、切末番茄和 A 混合，淋到 **4** 上，蓋上番茄蓋，放入冷藏庫冰十五分鐘。

蘆筍綠花椰菜的韓式拌菜

煎至上色完成後更芳香

材料（2 人份）

蘆筍 3 根、綠花椰菜 1/2 棵

拌菜汁（麻油 10g、天然鹽 3g、白砂糖 5g、煮過的味醂 1 小匙、白芝麻少量）

作法

1 用刨刀削去蘆筍皮較硬的部分，切成 4cm 長。綠花椰菜切成一口大小，用鹽水汆燙一下備用。

2 用平底鍋將蘆筍和綠花椰菜煎出焦色。

3 在鋼盆中混合拌菜汁，調拌 **2**，盛入容器中。

基本上，韓式拌菜是用調味料和麻油調拌用鹽水汆燙過的蔬菜，不過蔬菜煎出焦色能增加香味，也會蒸發多餘的水分，使味道更融合。

翡翠涼麵

清爽、不油膩

材料（2 人份）

涼麵湯（昆布高湯、香菇高湯各 100ml、淡口醬油 1 大匙、日本酒 1 大匙、柚子胡椒 1g）
秋葵……1 根、海帶芽（生或乾的均可）……少量
小黃瓜……2 根、片栗粉……50g

作法

1 在鍋裡放入高湯，加入日本酒煮沸一下，用淡口醬油和柚子胡椒調味，稍微變涼後冰涼，製成涼麵。

2 秋葵撒鹽揉搓後，汆燙一下，涼了之後，橫切成 3mm 厚的圓片。

3 若是生的海帶芽，用淡鹽水浸泡以去除鹽分（乾海帶芽泡水回軟），切成一口大小。

4 小黃瓜撒鹽揉搓後，用刨刀縱向削片；兩片分別重疊不摺疊捲成圓形，直接橫切成 1mm 厚的圓片。弄散成涼麵狀。

5 在塑膠袋中放入片栗粉和 **4**，充分搖晃讓粉沾在 **4** 上。

6 將抖落多餘粉的 **5**，放入大量熱水中弄散，一面水煮約三十秒，再放入冰水中。立刻放在放網篩上瀝除水分。

7 在容器中盛入 **6**、秋葵和海帶芽，再倒入涼麵。

小黃瓜切成麵狀等，雖然較費工夫，但外觀更漂亮、風味更清爽，且具有滑潤口感，是一道令人耳目一新的料理。請務必挑戰試做看看！

清烤生香菇
能享受香味與口感的料理

材料（2 人份）

生香菇……2 朵、天然鹽……少量
白蘿蔔泥……適量、青紫蘇葉……1 片
綜合高湯（昆布高湯一小匙、薄口醬油 1/2 小匙
煮過的味醂 1/2 小匙）

作法

1 生香菇切下菇柄，菇柄切末。
2 在生香菇的傘側撒點鹽，和切末的菇柄一起傘面朝下放入平底鍋中，以中小火煎至傘褶出水。
3 將白蘿蔔泥、切末的青紫蘇葉和煎好的菇柄混合。
4 在 **2** 中放上 **3**，盛入容器中，佐配綜合高湯。

這是我在永平寺修行時，為了當時的禪師特別研發的一道菜色。對我來說是一道留下深刻回憶的料理。

蘿蔔泥煮納豆

推薦給不喜黏稠口感的人

材料（2 人份）

納豆……1 盒、白蘿蔔泥……50g

八方高湯（昆布高湯 1 大匙、酒、味醂各 1 小匙

淡口醬油 1/2 小匙）

作法

1 在在鍋裡放入昆布高湯、酒和味醂煮沸一下，離火，加入淡口醬油，製作八方高湯。

2 在容器中放入納豆、白蘿蔔泥和八方高湯充分混合。

這是永平寺的私房人氣料理。納豆和白蘿蔔泥混合後，口感非常清爽，也推薦給不喜歡納豆黏稠口感的人。

具有葛粉的溫潤口感

黑蜜豆奶布丁

材料（2 人份）

豆奶（原味）……330g

葛粉……20g

黑蜜（黑糖〔粉狀的黃砂糖粉〕10g、
三溫糖或白砂糖……40g）

水……40m

煮黑豆……2 顆

作法

1 豆奶和葛粉用打蛋器充分混拌融合，用網篩過濾。

2 將 **1** 放入鍋中以小火加熱，用湯匙慢慢地混拌十分鐘，變黏稠後盛入容器，讓它稍微變涼。

3. 在鍋裡放入黑糖和三溫糖（白砂糖），以小火加熱成液狀，略微冒煙後熄火，一面沿著平匙，一面慢慢加水混合製成黑蜜。

4 在 **2** 中淋上適量的黑蜜，再放上煮黑豆。

黑蜜濃郁的甜味和豆奶清淡的風味達到完美平衡。因為作法簡單，輕鬆就能完成，請做為自己的獎賞吧！

蔬菜佐檸檬味噌醬

柔和的苦味充滿新鮮感

材料（2 人份）

國產檸檬……1/2 個、昆布高湯……1l
白味噌……50g
蔬菜如胡蘿蔔、櫻桃蘿蔔等視個人喜好使用

作法

1 檸檬皮徹底洗淨，切半，剔除種子；從涼水煮起，煮沸後換水再煮二十分鐘，隨後再用昆布高湯煮二十分鐘，取出檸檬，大致切塊，和煮汁 150ml 一起用果汁機攪打成檸檬醬。

2 在 **1** 中混入白味噌製成檸檬味噌醬。

3 將喜愛的蔬菜盛盤，配上檸檬味噌醬。

如果你喜愛檸檬苦味，只要混入少量味醂，味道就會變得圓潤。我住的廣島縣，檸檬產量是全日本第一。日產檸檬連皮使用，料理的範圍會變得更寬廣。

臭橙香草冰沙

具有清爽的酸味

材料（2 人份）

檸檬香茅……少量

蘋果薄荷 （Mentha suaveolens）……少量

水……100ml、白砂糖……15g、臭橙……2 個

事前準備

不鏽鋼製的鋼盆放入冷凍庫冰涼備用。

作法

1 在鍋裡放入水和檸檬香茅煮沸一下，熄火，加入白砂糖讓它融化。
2 臭橙橫切一半，果實的下半部挖空，放入冷凍庫，果肉和上半部的果實榨汁。
3 將稍微變涼的**1**、**2**的果汁，和切末的蘋果薄荷，一起放入鋼盆中，再放入冷凍庫冷凍。
4 冷凍一小時後取出，用叉子攪拌混合，若已充分結凍，盛入已冰涼用臭橙製作的容器中。

芝麻嫩豆腐

能享受濃郁高雅的芝麻風味

材料（**4 人份 ・**4cm **方形模型四個**）

葛粉⋯⋯50g、昆布高湯⋯⋯500m

砂糖⋯⋯1 小匙、鹽⋯⋯1/2 小匙

白芝麻醬⋯⋯40g

甜味噌（八丁味噌 2 小匙、味醂、
昆布高湯各 1 大匙）

青芥末⋯⋯少量

作法

1 葛粉用網篩等碾碎粉塊，和昆布高湯一起放入鍋中讓它完全溶解，加砂糖和鹽混合。

2 開大火加熱 **1**，用扁匙如從鍋底刮取般混拌，開始凝固後轉小火，攪拌到呈透明感。

3 熄火，加入白芝麻醬充分混合，以中火加熱，為避免煮焦迅速攪拌。混拌到能從扁匙上慢慢滑落的濃稠程度後，熄火，倒入內側用水沾濕的容器中。為避免表面變乾，用水稍微弄濕，蓋上保鮮膜，靜置約四小時備用。

4 在鍋裡放入甜味噌的材料，以中小火加熱約混拌五分鐘，避免煮焦。

5 在容器中鋪入甜味噌，將 **3** 從容器中取出放在容器上，再放上青芥末。

提到精進料理，我想有許多人會想到芝麻豆腐。要使用辛苦製作的手工豆腐，請務必選擇吉野本葛，豆腐能呈現特別細滑的口感與風味。

現在立刻能做的布施建議

提到「布施」，有人或許會認為是贈予僧侶金錢吧？固然那也是布施沒錯，但「布施」原來是佛教教誨中的六波羅蜜，也就是六種修行方法之一。布施大致分成「法施」、「財施」和「身布施」三種，僧侶說法屬於「法施」，施主捐錢為「財施」，擔任清掃等義工是「身布施」。

布施是一種絕不要求回報的徹底社會性行為。因此，「布施」不用金錢，用物品也行。

在永平寺吃午齋時，有所謂的「生飯」，那是從每個人從所吃的米飯中各取出七粒左右，集合起來布施給小鳥或昆蟲。這種作法的由來，是希望自己承受的恩惠，也能分享給周圍的生物。換句話說，我們要記住每天承受他人之惠得以生存，對他人也要抱持慈悲之心。

布施非常簡單。以笑容面對同事或家人也是布施。即使是這樣小的事，也能神奇地讓自己感到愉悅，使周圍變得一片祥和。

第五章

直接品嚐蔬菜的美味

香菜（醃菜）

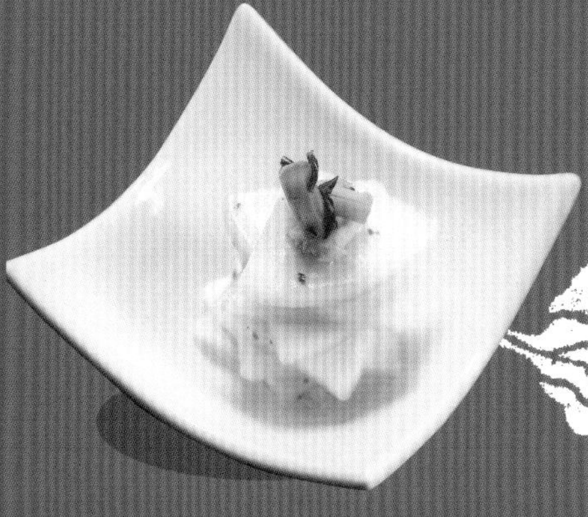

食材和調味料的「相遇」使原味更豐富

香菜（醃菜）是維持整體菜單平衡不可或缺的項目，但對禪僧來說，香菜還具有別的用處。不用應量器吃飯時，香菜可取代刷（前端捲包綿布的上漆刮板），用來清理餐具。作法是在餐後的碗中倒入熱茶，裡面放入醃菜，徹底刮下米粒。以此方式清洗所有的餐具，最後喝光熱水，以吃盡眼前全部的「生命」。在箱膳時代（譯註：箱膳為平時放置餐具，用餐時以其蓋做為小飯桌的木箱），用餐時每個人都是這種作法，醃菜還能有這樣的實用性，實在很有趣。

我深深地覺得，吃醃菜才能體會「蔬菜真是美味」。加入鹽、味噌等的調味料，還能提引出蔬菜本身的美味，使其變得更美味，此外，新鮮蔬菜獨特的口感也深具魅力。

蔬菜與鹽和味噌相遇，則更添「滋味」。以我們人來比喻，經過許多人、事、物的歷練，更能豐富自己的特色，我們也會更堅強，更能夠超越痛苦和壓力。平時不管發生什麼事，若能夠當成豐富自己的調味料，便可化為明天的活力。

這是節慶時的基本料理「涼拌紅白絲」。盛入柚子容器中，外表立刻變得很美觀，搖身一變為「宴客」料理。

柚香涼拌紅白絲

多費點工外觀更豪華

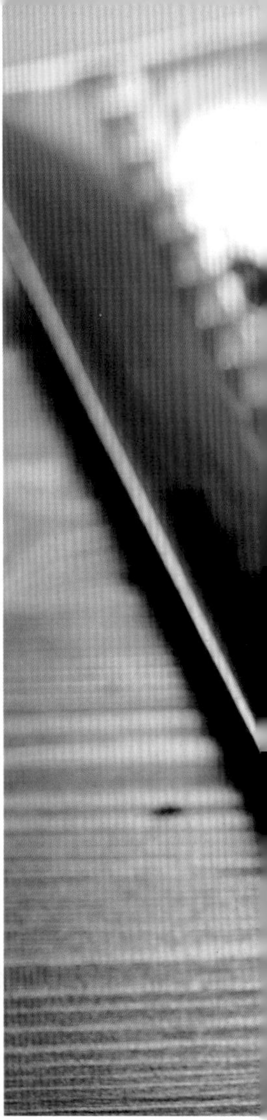

材料（2 人份）

柚子中 2 個
白蘿蔔……80g、胡蘿蔔……40g
天然鹽……1 小撮（用鹽揉搓用）
涼拌醋（穀物醋 2 大匙、柚子汁 1 大匙、天然鹽 1 小匙、黃砂糖粉 2 大匙）

作法

1 切下柚子的上部，用湯匙舀出果肉，製成柚子容器。上部的皮切碎，果肉榨汁。
2 將涼拌醋的材料充分混合。
3 白蘿蔔和胡蘿蔔去皮，切成 5cm 長的細絲，用鹽揉搓擠乾水分。
4 用涼拌醋調拌 **3**。
5 在柚子容器中盛入 **4**，再裝飾上切碎的柚子皮。

基本的淺漬料理

鹽漬蕪菁

材料（4-5 人份）

蕪菁……1 個
天然鹽……1/2 小匙
鷹爪辣椒……少量

作法

1 蕪菁徹底洗淨，連皮切薄片。
2 在塑膠袋中放入蕪菁、天然鹽和鷹爪辣椒輕輕揉搓，放入冷藏庫二～三小時。

這是最簡單、最基本的醃漬菜，能用各種蔬菜製作，請以自己喜歡的蔬菜變化製作。加入淡口醬油也很美味。

鹽麴醃芹菜

爽脆的口感很美味

材料（4-5 人份）

芹菜……1/6 根
鹽麴……2 大匙

作法

1 芹菜莖的部分斜切成厚 5mm 的斜片。
2 將少量芹菜葉切成約 3cm 寬。
3 在塑膠袋中放入芹菜和鹽麴輕輕揉搓，放入冷藏庫二～三小時。

喜歡較硬口感的人，可以切得比 5mm 稍微厚一點。芹菜雖然感覺比較常用在沙拉或湯品中，但我最推薦製作這道鹽麴醃菜！

滲入梅子的淡淡酸味

料酒醃秋葵

材料（2人份）

秋葵……6根、天然鹽……少量

料酒（日本酒200m、大梅乾1個）

作法

1 秋葵用鹽搓揉過，用鹽水汆燙二十秒，放在網篩中備用。

2 在鍋中放入日本酒、剁碎的梅肉和梅乾種子，以中火加熱，煮到酒精蒸發製成料酒。

3 在塑膠袋或密閉容器中放入秋葵和料酒，放入冷藏庫二～三小時。

我將日式料理中常用的調味料酒，當作浸泡液使用。製作料酒時的梅乾，以傳統的鹽漬紫蘇梅製作，能夠成為風味絕佳的鹹梅。

味噌醃綠花椰菜莖

用莖製作成美味小菜

材料（**4-5 人份**）

粗的綠花椰菜莖……1 根

味噌……200g

作法

1 稍微厚削掉綠花椰菜莖的表皮。

2 在塑膠袋中放入綠花椰菜莖和味噌，如用味噌包覆般，放入冷藏庫約兩天。

綠花椰菜莖的料理中，我最喜歡以味噌醃漬，爽脆的口感非常美味。使用不同的味噌，風味也截然不同，請試用各種味噌製作，也很有趣。

花椒醃白蘿蔔

令人著迷的香料美味

材料（**4-5 人份**）

白蘿蔔……40g
天然鹽……1/2 小匙
花椒……少量

作法

1. 白蘿蔔去皮，切薄片備用。白蘿蔔葉徹底洗淨，切成 2cm 厚。
2. 在塑膠袋中放入白蘿蔔、白蘿蔔葉、天然鹽和花椒輕輕揉搓，放入冷藏庫二～三小時。

這道料理是以花椒稍微醃漬，散發獨特的香料風味。
鹽也會影響味道，所以請盡量使用天然鹽！

我最希望
傳遞佛教的趣味！

現在的我不像在永平寺修行時期那樣，一天在寺廟待的時間很長。除了擔任副住持的職務，我還擔任臨床心理師，以及雜誌連載專欄的執筆，另外也參與演說、料理教室及廣播等多種活動。經常忙到半夜兩、三點才就寢。在如此忙碌的生活中，我想這些行動的原動力來自「佛教實在太有趣了！」

我在大學研究所開始學習佛學後，重新發現約誕生於兩千六百年前的佛教，已明白顯示它是解開現代人心靈問題之鑰。佛教不只是理論，它需要透過親身實踐教導，在行動中隨時保持覺察。佛教的教誨是放掉執念，若能遵照這樣的教誨，就能找到擺脫現代社會壓力的解脫之道。

我走出寺院，參與外界各項活動，若能使大家更進一步親近佛教，我會感到萬分喜悅。我希望讓更多人了解佛教的趣味，讓大家能更親近佛教。基於這樣的想法，於是誕生了本書這個新的企畫案。

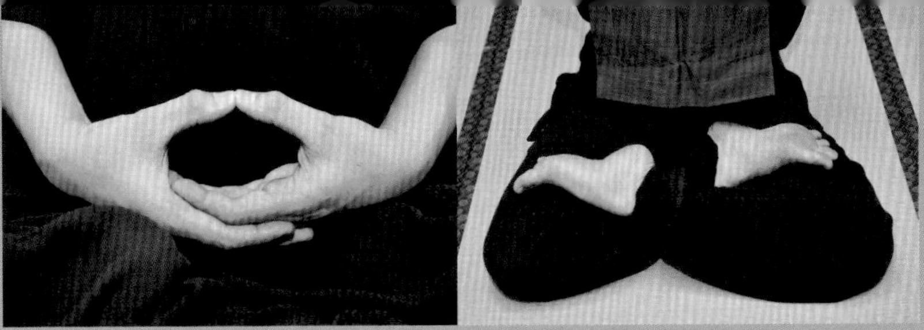

第六章

週末在家進行小禪修

一週的充電

能在家進行的禪坐

佛教始於釋迦牟尼佛透過坐禪而悟道。因此，對僧侶來說，坐禪是佛教修行的重要法門，這個方法也很適合一般大眾。如何坐禪雖然因人而異，不過在一段安靜的時間裡，感受自己的姿勢與呼吸，能夠和異於平時的自己相遇。

通常，一次坐禪約四十分鐘，不過若是在家裡進行，從十分鐘開始也無妨，早、中、晚在自己喜歡的任何時間進行都行。放鬆身心，試著透過坐禪與本來的自己相遇吧。

一、決定坐禪的位置

我所屬的曹洞宗是面向牆壁坐禪。請清理牆壁周邊，在坐禪處擺好蒲團（也可用對摺的坐墊）。

二、鄰位問訊、對坐問訊

在坐禪堂等地坐禪時，若是鄰座原本有人，坐之前會先立定合掌行禮，回頭再向坐在對面側的人行禮。在家坐禪時也可同樣行禮，向周邊環境致意。

面向牆壁合掌行禮。

合掌直接右轉回頭行禮。

三、盤腿打坐

面向牆壁，坐在蒲團或坐墊上，坐在前半段，上身保持直立穩定。使用坐墊時，坐骨坐正再盤腿，採結跏趺坐或半跏趺坐，但如果很難盤腿時，雙腳前後錯開平放也沒關係。

結跏趺坐
（雙盤）
右腳踝放在左大腿上，左腳踝放在右大腿上。

半跏趺坐
（單盤）
右腳踝放在左大腿下，左腳踝放在右大腿上。

四、手的擺放法

手掌朝上，左手放在右手上，拇指接合。這個手印稱為「法界定印」。雙手的空間形成漂亮的蛋形，直接置於下腹部的位置。

兩手的拇指相互按住，輕輕接合避免分開。

五、姿勢

以坐骨和兩膝穩定下半身，背肌如疊齊的積木般保持垂直，如同肩膀和手臂不施力般放鬆上半身，稍微收下顎，輕閉嘴巴，放鬆眼睛周圍的肌肉，視線呈45º落下。

伸直背脊坐著，這時請注意腰部不要過度向後仰。

六、呼吸

用嘴巴深呼吸數次，之後靜靜、慢慢地用鼻子呼吸。不要控制呼吸。

七、左右搖晃

上身像鐘擺一樣左右搖晃，一開始大幅度搖晃，再一面慢慢小幅搖晃，一面取得上身的平衡，讓軸心保持直立。

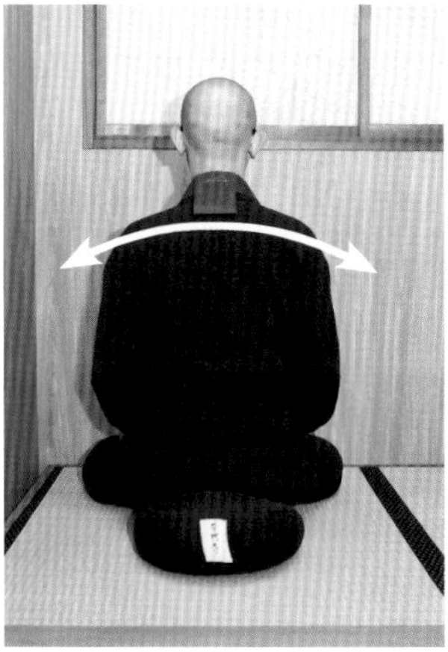

為了調整上身的軸心，一面放鬆，一面搖晃上身。

八、止靜

一面調整姿勢和呼吸，一面開始坐禪。過程中即使腦中浮現各種念頭，也不要執著，只要看著浮現的所有念頭，並把意識靜放在姿勢和呼吸上，完全放鬆地坐著。

九、放禪

坐禪結束時，直接合掌行禮，手掌朝上輕輕放在兩腳上，身體左右搖晃後鬆開盤腿。起身再次向鄰座和對坐問訊後才結束。

上身慢慢地左右搖晃，放鬆緊張的肌肉，再慢慢地鬆開盤腿。

推薦的食材及調味料

自從我開辦料理教室，經常在活動和演講等中介紹精進料理後，我重新發現到廣島當地周邊有許多美味的食材。

其中，廣島縣的檸檬產量居日本第一位，比進口檸檬使用的農藥少，能夠安心連皮用於料理中。除此之外，我愛用的鹽和醬油，以及用於這次介紹的料理中的果醬和醬菜等，都是值得推薦的食材和調味料。

雖是基於地產地銷的觀念，不過在地生產、在地消費，我認為是極其自然的產銷方式。而且，重視在地生產的食材，還能同時活絡當地的經濟。

料理時，大家不妨將目光投向當地的食材和商品，試著多使用看看，透過料理能夠實際感受當地的美好。

本釀造　薄紫　白峰

川中醬油自明治三十九年（一九〇六）創業以來，一直堅守廣島當地的傳統製法，生產具有高雅甜味的輕爽芳香的淡口醬油，以及含有圓潤甜味和鮮味的白醬油。

川中醬油株式會社
〒 731-3161　廣島縣廣島市安佐南區
沼田町伴 5006 番地　TEL.0120-848-838
http://kawanaka-shouyu.net/

海人的藻鹽

重現日本古代製鹽法的藻鹽，充分濃縮海水和海藻的鮮味，沒有尖銳的辣味，能夠嚐到深厚圓潤的風味，其美味連專業料理人也讚賞。

蒲刈物產株式會社
〒 733-0011　廣島縣廣島市西區
橫川町 2-9-18-101 號　TEL.082-208-0323
http://www.moshio.co.jp/index.php

瀨戶內海
果醬花園的果醬

在瀨戶內海的周防大島，使用當地產的果實製作的果醬和橘皮果醬的工房，所有原料果實都是無農藥或少農藥，每年製作一百二十種以上的橘皮果醬（使用於頁72）。

瀨戶內果醬花園
〒 742-2804　山口縣大島郡周防大島町日前331-8
TEL.0820-73-0002
http://www.jams-garden.com

丹波黑黑豆
紫蘇羊栖菜

以瀨戶內的海產為主，遵循古法製作各式傳統醃菜，包括以大顆的國產黑豆蒸煮製作的「丹波黑黑豆」，以及添加紫蘇風味蒸煮完成的「紫蘇羊栖菜」（使用於頁 60）。

Kakuiti 橫丁
〒 731-3161　廣島縣廣島市安佐南區
沼田町伴 1816-3　TEL.0120-52-4510
http://kakuiti.com

希望飯前觀想的五件事

在禪寺，僧侶在備妥的齋飯前會唱頌偈語。以下分別說明進餐前進行的「五觀之偈」這五種觀想：

一、計功多少，量彼來處。

（思量生產眼前食物的人們的辛勞，想像食物送至自己眼前的過程。由於許多人的心血，才能完成眼前的餐點，應表示珍惜與感恩。）

二、忖己德行，全缺應供。

（反思自己的言行，是否有受用餐點的資格。以「請讓我吃」的謙虛態度，心生感念。）

三、防心離過，貪等為宗。

（所謂修行就是清理心中的污垢，重點是面對自己的貪念、憤怒和愚昧等。）

四、正事良藥，為療形枯。

（視食物為維持身體的良藥。）

五、為成道故，今受此食。

（為修成佛道而接受此食物。）

用齋前，請試著思量以上五點，對支持自己的許多人表達感謝，對食物本身之命表示敬畏，珍惜與感念現況。

用餐禮儀帶來的三件好事

我從永平寺修行時期熟悉的用餐禮儀中，挑出覺得適合納入一般生活中的，讓精進料理教室的學生實行。之後學生必定會說出三種感想，那就是：「比平時更能吃出食物的味道」、「吃得比平時少卻飽了」、「老師吃飯的姿態真優雅」。

首先「更能吃出食物的味道」，這點大家覺得是專心品嚐的緣故。原因是，在我的料理教室裡，進行用餐禮儀的那數分鐘禁止說話。平時我們一面說話或看電視，一面「吃飯」的習慣，會減少咀嚼的次數，讓我們未充分品嚐食物的味道，就囫圇吞下。

接著，「吃很少卻飽了」。精進料理不是手拿著餐具不斷地吃，而是每次咀嚼都要放下手中的餐具。因此，要比平時用餐花更久的時間，在此期間，腦部的飽食中樞受到刺激，所以吃得比平常少，就覺得已經飽了。精進料理以蔬菜為主，少量就能吃飽，或許可說是值得推薦的不勉強瘦身法。

而最後，「吃飯姿態優雅」這點，絕非我自誇，遵照精進料理的用餐禮儀，我必定用雙手拿筷和餐具，因此動作看起來恭敬有禮。只要習慣這樣的舉止，即使在日常生活中也能保有優雅的用餐姿態。

推薦能以新的心情迎接一週的例行功課

在禪寺，每天要花許多時間坐禪、作務（清掃）和用餐。關於坐禪，正如大家想像的那樣，可是大家或許不知道作務和用餐竟然也花那麼長的時間。然而，在日常生活中自然、單純地重複這三件事，即是修行。

因此，在禪的用餐禮儀之外，加上坐禪和作務，大家試著在家也體會一下小禪寺的氛圍如何？當然，我並不是要大家一整天都像在禪寺中生活那樣。先從坐禪開始，試著把它融入一天的生活中，該怎麼做呢？可以起床後立刻進行，或是睡前進行，在喜歡的時間裡即使只坐十分鐘也無妨，第一步先試著做看看。

我所在的八屋山普門寺，每週一早晨和週五傍晚有舉行坐禪會，許多人在上班前和下班後參加，每次都能帶回不同的新體認。如在寺院靜靜坐禪這樣非日常的體驗中，腦中會不斷浮現有關過去或未來的念頭，出現自己要做些什麼的念頭時，只要置之不理，不執著於改變，就能重新遇見存在於「現在」、「當下」的那個「平靜、自然的自己」。

人一旦執著於煩惱，就會竭盡心力想要改變，這樣將衍生許多無用的思慮而變得痛苦。坐禪教導我們處在「現在」、「當下」，暫停頭腦的活動，拋開無謂的思慮，作務或用餐時也絕不要胡思亂想，只要仔細感受「現在」、「當下」的行為就好。在週末不妨加入這樣的例行功課，試著以新的心情迎接下週的來臨吧。你一定能看到不一樣的世界。

掃除是拂去心中的塵埃

禪宗會花相當多的時間在清潔打掃上，也就是所稱的作務。說到寺中的直歲寮（譯註：直歲寮專司作務），若說那個部門一整天都在進行作務也不為過。佛教修行上需要花那麼多時間做打掃工作嗎？我在修行當初確實有這樣的疑問。可是在持續打掃的過程中，我明白了它真正的意涵。

修行生活大約過了半年左右，有一次我參加了永平寺五十人一起擦拭回廊地板的清潔勞動。彎著腰用抹布擦地板二十～三十分鐘，這可不是件輕鬆的事。大多數人很難說已經盡了全力，然而我注意到某個同期的修行僧，他默默地徹底擦拭到各個角落。看他不跟隨周圍人群腳步，只是專注面對自己的態度，我受到極大的震撼，自此之後，我便以他為榜樣，不慌不忙地打掃，也因此，一直以來我覺得很無趣的回廊清潔工作，從此讓我獲得難以言喻的充實感。

佛教的清掃工作不只是在掃除污物，真正的意涵是清理自己的心靈。實際上，我們心中有執念，才會拖延清理、整頓不是嗎？這時請先行動，開始清掃和整理周邊環境吧。比起用頭腦思考，佛教更崇尚實踐。透過自己的體驗獲得的感受與境遇，勝於一切。在公司受到上司或前輩指責時，或是和家人吵架時，別胡思亂想，試著透過打掃拂去心中的塵埃，自然能轉變成積極正向的心態。

面對真實的自己，試著關心他人

為了讓自己在週末調整充電以迎接新的一週，在前文中我建議試著用心烹調，以坐禪覺察自己，你覺得如何呢？忘掉平日的忙碌，心平氣和地度過週末後，接下來，就從明天的日常生活開始，我希望大家務必隨時想到身邊還有他人的存在。

數年前，我在某寺院儀式中負責烹調的工作，因為太忙了，疏忽了該做的事，但當時一定會有人默默地幫助我。自己有難時，他人給予幫助，看到別人有難時，也伸手援助。我在永平寺修行時，經常體驗這種互相幫助的感覺。

禪宗很重視「和合僧」的概念。釋迦牟尼的教誨透過僧伽制度

（sangha）下的僧團流傳至今，我們在實際生活中也能感受到互相幫助、和諧的重要性。而且藉著互助，興起「感恩」之心。

在週末運用一些禪的觀點使心情變輕鬆後，請試著不只注意自己，還從容地關心周圍。互相幫助並非特別之事。你若屬於家庭或公司等團體的一員，必然不只有自己，還有他人的存在。

佛法的教誨是在與他人相互的關係中發現自我的存在，這點似乎理所當然，但其實任何人都仰賴他人的支持。

結語

「這就是精進料理嗎？」

也許有人嘩啦啦地翻動書頁的同時，會興起這樣的疑問。在一般人的印象中，會覺得精進料理是「僧侶吃的樸素和食」，不過，現在禪以「ZEN」之名，在歐美也擴展開來，在歐美的禪道場也能夠吃到當地生產的食材製作的西式精進料理。換言之，一般日本人對精進料理的印象，只是它的一個面向而已，而這個印象無非是我們任意塑造的既定觀念。

正如這種既定的觀念，佛教的觀點促使我們審視「自我局限的存在狀態」，提醒我們放開那樣的「僵化設限」，更輕鬆地生活。此外，我們對於事情的思考和行動總是愈陷愈深，而佛教的教誨恰好相反，讓我們從愈陷愈深的執著中跳脫出來。我一直覺得佛教的偉大和有趣處就在這裡。

最後，我要由衷地感謝川中醬油、蒲割物產、Kakuiti 橫丁等公司，為本書提供優質的食材。另外，對龐雜的編輯工作盡心盡力的飯田祐士先生和小石幸子小姐，藉此我要再次表達感謝之意，真是非常謝謝。

我衷心期盼正在閱讀這部分文字的你，透過本書對於精進料理或其根源的佛教，能夠更進一步認識與親近。

吉村昇洋

國家圖書館出版品預行編目（CIP）資料

舌尖上的禪滋味 : 六十道精進料理食譜 / 吉村昇洋著 ; 沙子芳譯.
-- 初版. -- 臺北市 : 商周, 城邦文化出版 : 家庭傳媒城邦分公司發行, 民104.03
面； 公分
譯自 : 週末禅僧ごはん
ISBN 978-986-272-766-9(平裝)
1.素食食譜
427.31 104002927

舌尖上的禪滋味：六十道精進料理食譜

原著書名／週末禅僧ごはん
作者／吉村昇洋
譯者／沙子芳
企畫選書／夏君佩
總編輯／楊如玉
責任編輯／謝汝萱
版權／吳亭儀
行銷業務／李衍逸、黃崇華

總經理／彭之琬
法律顧問／台英國際商務法律事務所 羅明通律師
出版／商周出版
城邦文化事業股份有限公司
台北市中山區民生東路二段141號9樓
電話：(02) 2500-7008 傳真：(02) 2500-7759
E-mail：bwp.service@cite.com.tw
發行／英屬蓋曼群島商家庭傳媒股份有限公司城邦分公司
台北市中山區民生東路二段141號2樓
書虫客服服務專線：02-25007718・02-25007719
24小時傳真服務：02-25001990・02-25001991
服務時間：週一至週五09:30-12:00・13:30-17:00
郵撥帳號：19863813 戶名：書虫股份有限公司
讀者服務信箱E-mail：service@readingclub.com.tw
歡迎光臨城邦讀書花園 網址：www.cite.com.tw
香港發行所／城邦（香港）出版集團有限公司
香港灣仔駱克道193號東超商業中心1樓
Email：hkcite@biznetvigator.com
電話：(852) 25086231 傳真：(852) 25789337
馬新發行所／城邦(馬新)出版集團 Cité (M) Sdn. Bhd.
41, Jalan Radin Anum, Bandar Baru Sri Petaling,57000 Kuala Lumpur, Malaysia
電話：(603)90578822 傳真：(603) 90576622

美術設計／李慧聆
印刷／高典印刷有限公司
總經銷／高見文化行銷股份有限公司 電話：(02) 26689005
傳真：(02) 26689790 客服專線：0800-055-365

■2015年(民104年) 4月初版
■2022年(民111年) 3月7日初版5刷

Printed in Taiwan

定價 260元

商周出版

廣　告　回　函
北區郵政管理登記證
台北廣字第000791號
郵資已付，免貼郵票

104台北市民生東路二段141號2樓
英屬蓋曼群島商家庭傳媒股份有限公司　城邦分公司

請沿虛線對折，謝謝！

商周出版

書號：BK5102	**書名：**舌尖上的禪滋味	**編碼：**

請於此處用膠水黏貼

商周出版

讀者回函卡

感謝您購買我們出版的書籍！請費心填寫此回函卡，我們將不定期寄上城邦集團最新的出版訊息。

不定期好禮相贈！
立即加入：商周出版
Facebook 粉絲團

姓名：＿＿＿＿＿＿＿＿ 性別：☐男 ☐女

生日：西元＿＿＿＿年＿＿＿＿月＿＿＿＿日

地址：＿＿＿＿＿＿＿＿

聯絡電話：＿＿＿＿＿＿＿＿ 傳真：＿＿＿＿＿＿＿＿

E-mail：

學歷：☐ 1. 小學 ☐ 2. 國中 ☐ 3. 高中 ☐ 4. 大學 ☐ 5. 研究所以上

職業：☐ 1. 學生 ☐ 2. 軍公教 ☐ 3. 服務 ☐ 4. 金融 ☐ 5. 製造 ☐ 6. 資訊
☐ 7. 傳播 ☐ 8. 自由業 ☐ 9. 農漁牧 ☐ 10. 家管 ☐ 11. 退休
☐ 12. 其他＿＿＿＿＿＿＿＿

您從何種方式得知本書消息？

☐ 1. 書店 ☐ 2. 網路 ☐ 3. 報紙 ☐ 4. 雜誌 ☐ 5. 廣播 ☐ 6. 電視
☐ 7. 親友推薦 ☐ 8. 其他＿＿＿＿＿＿＿＿

您通常以何種方式購書？

☐ 1. 書店 ☐ 2. 網路 ☐ 3. 傳真訂購 ☐ 4. 郵局劃撥 ☐ 5. 其他＿＿＿＿

您喜歡閱讀那些類別的書籍？

☐ 1. 財經商業 ☐ 2. 自然科學 ☐ 3. 歷史 ☐ 4. 法律 ☐ 5. 文學
☐ 6. 休閒旅遊 ☐ 7. 小說 ☐ 8. 人物傳記 ☐ 9. 生活、勵志 ☐ 10. 其他

對我們的建議：＿＿＿＿＿＿＿＿

請於此處用膠水黏貼